Passkey Practice Guide
パスキー
実践ガイド
小林勝、上田夏奈江、岩本幸雄
大脇旭洋、渡辺美帆 著

JN239280

C&R研究所

■権利について

- 本書に記述されている社名・製品名などは、一般に各社の商標または登録商標です。
- 本書では™、©、®は割愛しています。

■本書の内容について

- 本書は著者·編集者が実際に操作した結果を慎重に検討し、著述·編集しています。ただし、本書の記述内容に関わる運用結果にまつわるあらゆる損害・障害につきましては、責任を負いませんのであらかじめご了承ください。
- 本書は2024年11月現在の情報で記述しています。

●本書の内容についてのお問い合わせについて

この度はC&R研究所の書籍をお買いあげいただきましてありがとうございます。本書の内容に関するお問い合わせは、「書名」「該当するページ番号」「返信先」を必ず明記の上、C&R研究所のホームページ(https://www.c-r.com/)の右上の「お問い合わせ」をクリックし、専用フォームからお送りいただくか、FAXまたは郵送で次の宛先までお送りください。お電話でのお問い合わせや本書の内容とは直接的に関係のない事柄に関するご質問にはお答えできませんので、あらかじめご了承ください。

〒950-3122 新潟県新潟市北区西名目所4083-6　株式会社 C&R研究所　編集部
FAX 025-258-2801
『パスキー実践ガイド』サポート係

はじめに

近年のデジタル変革などにより、IT技術を使ったさまざまなサービスが増えており、ITシステムはより一層身近な存在となっています。これに伴い、利用するサービスが増えると、それぞれのサービスごとにパスワードを管理しなくてはならず、利用者の負担も増えます。しかし、現実では複数のパスワードを記憶しておくのは難しく、一度パスワードを忘れてしまうと、そのサービスを使うことをあきらめてしまう経験をした方も多いのではないでしょうか。

また、パスワードが外部に漏えいしてしまうインシデントも増えています。特に巧妙な手段で利用者を狙うフィッシング詐欺が横行しており、パスワードが盗み出されてしまう事件も後も絶ちません。

パスワードがすべて悪とまではいいませんが、最近のパスワードに関するさまざまな事情を考慮すると、パスワード認証のあり方を見直すべき時期に来ているといえるでしょう。

こうした背景の中で、パスキーは、パスワードに代わる簡単かつ安全なログイン手段として注目されています。容易な設定ながら、高いセキュリティレベルを誇ることから、利用可能なシーンが着実に増加しています。

パスキーはサービス利用者だけでなく、システム管理者にとっては煩わしいパスワードロック解除の対応から解放されるなど、運用の効率化も期待されています。

読者の皆さまの中には、旧来のパスワード認証では防ぐことができない多くの脅威アクターに対してパスキーが解決策になると考え、自社での導入を検討されている方もいるかもしれません。

一方で、パスキーは注目されている技術ではありますが、その仕組みについて誤解が多いのも事実です。「パスキーは生体認証である」「パスキーは多要素認証である」「パスキーはパスワードレスである」など、一部正しい面もあるものの、厳密にはパスキーの定義は異なります。

本書では、パスキーの誤解を解きながら、パスキーを構成する技術や具体的な実装方法について詳述します。本書が誤解を解消する一助となり、パスキーの普及に貢献できれば幸いです。

2024年11月

著者一同

本書について

本書の構成

本書は、次の章から構成されています。

- CHAPTER 01：パスキーが注目されている背景
- CHAPTER 02：パスキーとは何か?
- CHAPTER 03：パスキーに関わる認証技術と動向
- CHAPTER 04：パスキーの導入
- CHAPTER 05：パスキーの実装と展開
- CHAPTER 06：パスキーのその先へ～認証・認可の未来の姿～

CHAPTER 01では、パスワード漏えいによる昨今のセキュリティ事件・事故を紹介しながら、従来型のパスワード認証では何が問題なのか、また、これからの認証はどうあるべきなのかを、具体例を示しながら解説します。

CHAPTER 02では、従来の認証方式との違いやパスキー普及を推進しているFIDOアライアンスの取り組みを中心に、日常生活の中で実際に使用するシーンが増えているパスキーの特徴やその仕組みについて概要を説明します。

CHAPTER 03では、パスキーの実現に向けたアーキテクチャ概要、技術仕様の標準化、およびNISTの最新動向を詳述します。また、企業におけるパスキーの位置付け、導入すべき理由やその価値についても解説いたします。

CHAPTER 04では、パスキーの導入に際して必要となる事前準備、注意点および検討事項など、実装に関するアプローチについて解説します。また、パスキーの利用までの導入手順についても詳述します。

CHAPTER 05では、アプリケーションへの実装手法に関して、必要なコードおよび関連するコードについて詳述します。また、パスキーの展開には企業の規模や組織の構造によって異なるアプローチが求められます。これらの要因に応じたパスキーの展開方法の相違点についても解説します。

CHAPTER 06では、パスキーの概念を踏まえて、認証と認可の仕組みを広範に見渡し、パスキーを含むデジタルIDの未来について詳述します。また、パスキーと新しいデジタルIDとの組み合わせの可能性なども探ります。

対象読者について

本書は、次のような読者に向けて構成されています。

- 情報セキュリティ責任者および担当者
- 認証・認可のセキュリティ強度向上を目指すシステム企画担当者
- セキュリティ対策に従事するシステムエンジニア
- パスキー導入を検討中の一般ユーザー
- セキュリティスペシャリストを志望する若手システムエンジニア
- 煩雑なパスワード管理から解放されたいすべての方々

コードの中の▼について

本書に記載したサンプルコードは、誌面の都合上、1つのサンプルコードがページをまたがって記載されていることがあります。その場合は▼の記号で、1つのコードであることを表しています。

また、誌面の都合上、実際には改行されていない行のコードが折り返しになっている箇所があります。あらかじめご了承ください。

目次 contents

CHAPTER-02

パスキーとは何か?

CHAPTER-03

パスキーに関わる認証技術と動向

CHAPTER-04

パスキーの導入

CHAPTER-05

パスキーの実装と展開

CHAPTER-06

パスキーのその先へ～認証・認可の未来の姿～

CHAPTER 01 パスキーが注目されている背景

本章の概要

認証に用いるパスワードの漏えいや、フィッシング詐欺によるアカウント乗っ取り、情報詐取などが社会問題となっています。従来のパスワードのみを用いた認証の仕組みは、デジタル変革による環境変化や高度化するサイバー攻撃の脅威に対して脆弱な一面が露呈されています。そのため、IDとパスワードだけ備えておけば安全と考える従来の考えでは新たなサイバーリスクの脅威に太刀打ちできないと考えるのが常識となりつつあります。

それらの社会問題に対して対策は急務と叫ばれる中、従来の常識に一石を投じるかのように、パスワードを使わない認証の仕組みとして「パスキー」が注目されています。

パスキーは、国内外問わず組織での導入事例も増えています。パスキーはパスワードのみ用いた認証の仕組みに代わる新しい技術です。そして、パスワードのいらない世界として、パスワードレス時代の到来ともいわれています。

本章ではパスキーが注目されている背景や、パスワードが不要となる世界への期待などについて解説します。

SECTION-01

ネットワークシステムにおける認証に必要な要素

パスキーは認証にパスワードを使わない新しい仕組みです。では、そもそもパスワードはなぜ必要なのでしょうか。ここで、少し認証の仕組みを整理してみましょう。

ネットワークシステムの認証に必要な基本要素は3つあります。「識別」「認証」「認可」です。それら3つをまとめて認証システムと呼ばれることもありますが、ここでは1つひとつを分けて説明していきます。

識別：Identification（識別情報によるユーザーの識別）

IDと呼ばれる、アクセスしてくるユーザー（エンティティとも呼ばれます）を一意に特定するものです。例としては会員番号やメールアドレス、社員番号などがあります。

◉識別の例

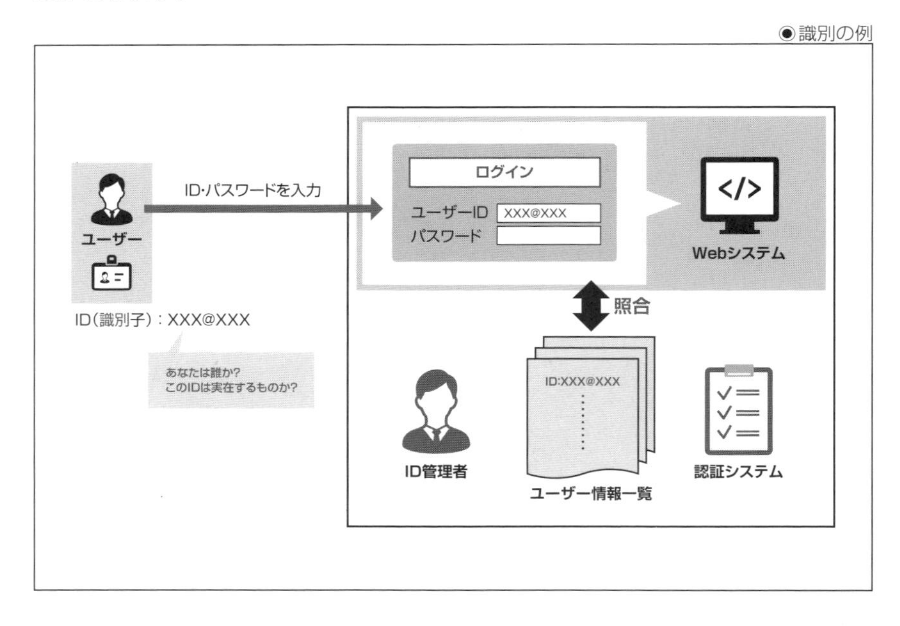

認証：Authentication（認証情報によるユーザーの認証）

認証の仕組みは一意のIDとそれを使用したユーザーの真正性（Authenticity）を確認します。一般的な認証方式では、数桁の英数字や記号を組み合わせてパスワードを決めます。

そのパスワードを知っている「知識情報」だけでなく、顔認証や指紋認証、声紋などの「生体情報」や、ユーザーが持っている「所持情報」などを組み合わせて認証を行う場合もあります。

◉認証の例

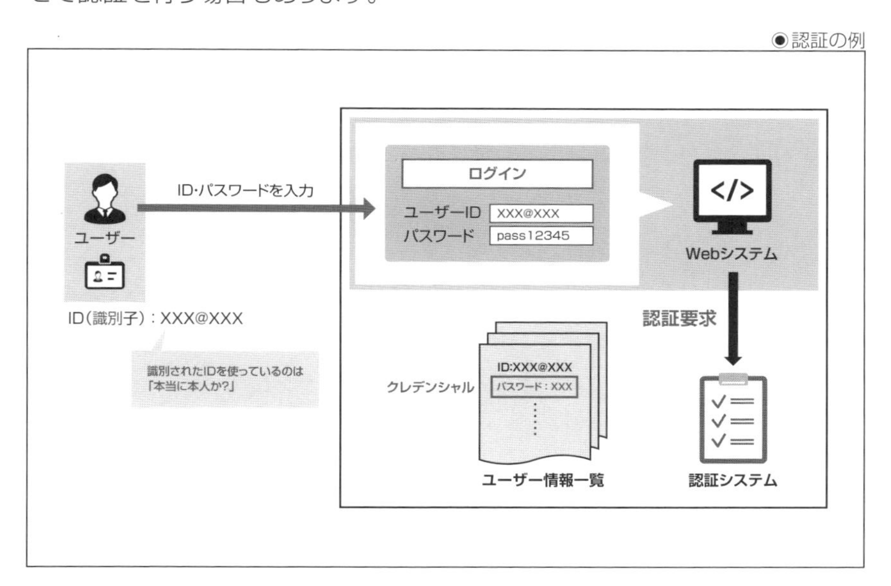

認可：Authorization

認可とは、特定条件下において、対象システムやサービスを利用可能にする何らかのアクセス権限を付与するなど権利を与えることです。IDとパスワードが一致したとしても、そのユーザーがどのシステムにアクセスできるかは、別途権限が必要であり、それを確認して許可を与える行為といえます。付帯的なユーザー認証による証明情報と照らし合わせて、適切な権限の割り当てを行うケースもあります。

また、ゼロトラストアーキテクチャなどでは、付帯的なコンテキスト情報として、利用している端末情報やアクセス元となるロケーション情報など、さまざまなコンディション（条件や状態）を認証プロセスに加え、より厳格な権限の割り当てを行う場合があります。

◉認可の例

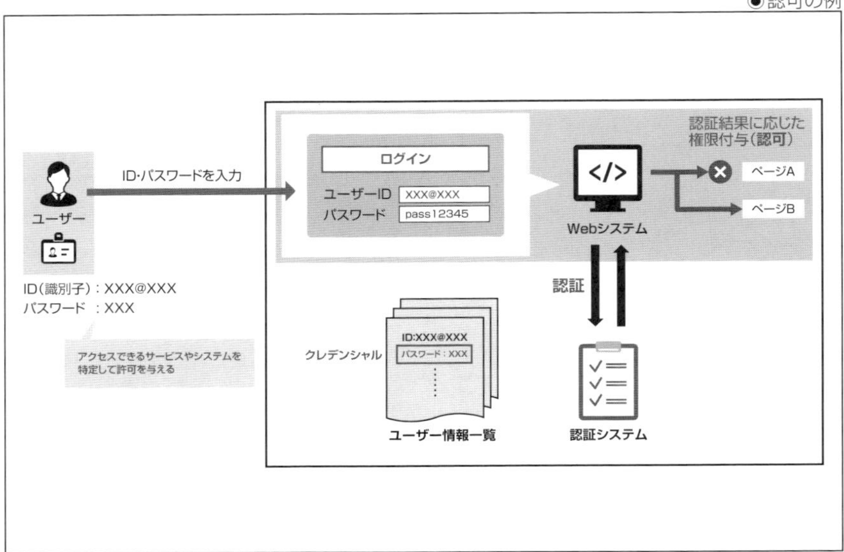

3つの基本要素以外に必要な要素

認証に必要な3つの基本要素以外にも、識別の前には、サービスを利用するための事前準備として登録(RegistrationまたはEnrolment)行為が発生します。また、認証のところでは、検証(Verification)が行われる場合もあります。さらに、認可のする前に付帯的なユーザー認証の仕組みとして証明書などを用いた証明(Certification)が行われる場合もあります。

それらの、登録、検証、証明はパスキーの仕組みにおいても認証プロセスに組み入れられており、パスワードとは違う仕組みで行われます。

詳しい仕組みについては後章で解説します。

SECTION-02

後を絶たないパスワードの漏えい

ネットワークシステムの一般的な認証の仕組みについて理解いただけたでしょうか。認証で真正性を確認するためにパスワードを使いますが、パスワードはユーザー本人しか知らない秘密（シークレット）である必要があり、それが他人や第三者に知られてしまうと、なりすましによるアクセスなどに使われるリスクがあり、とても危険な状態といえます。

パスワードが漏えいすると起こり得ること

パスワードが漏えいすると、次のようなことが起こり得ます。

- アカウントの乗っ取り
- クレジットカード、銀行口座の不正利用
- 所属する会社の情報流出
- 自分のアカウントを他人が悪用してフィッシング詐欺に使われる
- 個人情報の搾取

事実として、パスワードの漏えい事件は後を絶たず、自分の不注意によるパスワード漏えいだけでなく、パスワードを保管、管理する側のサービス事業者から漏えいすることも起こっています。特に、サービス事業者にサイバー攻撃が仕掛けられて、パスワードが漏えいする事態が起こった場合、一度に数千、数億というパスワードが漏えいされることも珍しくありません。

実際に、「RockYou2024: 10 billion passwords leaked in the largest compilation of all time | Cyber news」において、ハッキングフォーラムから約100億件の漏えいしたパスワードが公開されたと伝えられています。これは「Obama Care」と名乗る脅威アクターが「RockYou2024パスワードコンピレーション」として公開したもので、過去に公開されたRockYou2021に、新たに漏えいしたパスワードを追加したと見られています。

◉パスワード漏えいの事件例

Menu

cybernews

Home » Security

RockYou2024: 10 billion passwords leaked in the largest compilation of all time

Updated on: July 04, 2024 12:33 PM

Vilius Petkauskas, Deputy Editor

Partner content

How to Ensure Mobile Device Security with an MDM Solution?

by Partner content by a third-party 07 May 2024

※出典：https://cybernews.com/security/rockyou2024-largest-password-compilation-leak/

単純なパスワードは危険

第三者によるパスワードの悪用が絶えない理由はさまざまですが、その要因の1つとして誰でも容易に推測できる文字列をユーザーが使ってしまうことが挙げられます。「いやいや、いまどきパスワードに誰でも推測できるような容易なフレーズは使わないでしょう?」と思われるかもしれませんが、実態はそうではありません。

確かにさまざまなセキュリティの啓蒙活動や注意喚起の結果、パスワードに使う文字列は容易なものから、より複雑かつ文字数を増やす傾向にありますし、ユーザー側のセキュリティに対する危機意識も芽生えています。しかし、実態はそんなに単純なものではないようです。

一例に挙げると、パスワードマネージャーを提供しているNordPassによると、毎年「世界で最もよく使われたパスワード トップ200」を発表しており、この結果からも上位は単純な文字列となっていることがわかります。

同調査で用いたパスワードリストは、サイバーセキュリティインシデントの調査を専門とする独立系研究者と共同で調査されたもので、ダークウェブ上のものを含む、一般に入手可能な各種ソースより抽出したデータを分析した結果になります。

◉2023年に世界で最もよく使われたパスワードの例

順位	パスワード
第1位	123456
第2位	admin
第3位	12345678
第4位	123456789
第5位	1234
第6位	12345
第7位	password
第8位	123
第9位	Aa123456
第10位	1234567890

※出典：Top 200 Most Common Passwords | NordPass
(https://nordpass.com/most-common-passwords-list/)より抜粋

このような単純なパスワードは簡単に推測できることから、パスワードが流出していなくても容易に他人が悪用できるといえます。

また、多少複雑な文字列にした場合でもコンピューターを使えば簡単に解析できる場合があります。パスワードの解析は人力で実施するのは大変困難ですが、コンピューターを使えば、1万通りの文字列の組み合わせを瞬時で解読できるといわれています。近年ではAIの活用が普及しており、より容易に解析ができることがわかっています。8文字程度の数字、小文字の組み合わせであれば瞬時で解析が可能であり、安全なパスワードとはいえません。

◉AIを使用してパスワードを解析するのにかかる時間（2023年時点）

文字数	数字のみ	小文字	小文字と大文字	数字、大文字と小文字	数字、大文字と小文字、記号
4文字	瞬時	瞬時	瞬時	瞬時	瞬時
5文字	瞬時	瞬時	瞬時	瞬時	瞬時
6文字	瞬時	瞬時	瞬時	瞬時	4秒
7文字	瞬時	瞬時	22秒	42秒	6分
8文字	瞬時	3秒	19分	48分	7時間
9文字	瞬時	1分	11時間	2日	2週間
10文字	瞬時	1時間	4週間	6ヶ月	5年
11文字	瞬時	23時間	4年	38年	356年
12文字	25秒	3週間	289年	2,000年	3万年
13文字	3分	11ヶ月	16,000年	91,000年	200万年
14文字	36分	49年	82万7千年	900万年	1億8700万年
15文字	5時間	890年	4,700万年	6億1300万年	140億年
16文字	2日	23,000年	20億年	260億年	1兆年
17文字	3週間	81万2千年	5億3972万年	2兆年	95兆年
18文字	10ヶ月	2200万円	72億3000万年	96兆年	6京年

※出典：https://www.securityhero.io/ai-password-cracking/

SECTION-04
なぜ、容易なパスワードフレーズを使ってしまうのか?

では、なぜこのような単純な文字列のパスワードを使ってしまうのでしょうか。答えは簡単です。複雑にすると覚えられなくなるからです。そのため、パスワードを作成する際に、忘れることのないパスワードを作成する必要があり、絶対に忘れないような単純な文字列を使ってしまうのです。ましてや、覚えておくパスワードは1つではありません。

トレンドマイクロ社の調査結果によると、1人当たり平均14のWebサービスを利用していることが明らかになっており、その結果、複数のパスワードを使い回している結果も明らかになっています。

◉パスワードの使い回しの実態

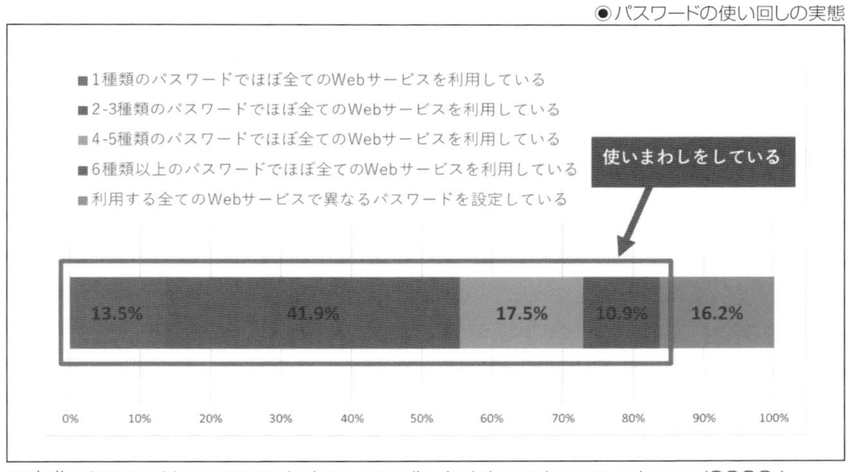

※出典：https://www.trendmicro.com/ja_jp/about/press-release/2023/pr-20230831-01.html

近年のデジタル変革などにより、ITシステムはより身近なものとなり、利用するサービスも増えている傾向にあります。そのため、ユーザーは複数のパスワード覚えておく必要があり、その結果、必然的に覚えやすいパスワードを使いがちになってしまいます。

また、パスワードを覚えるには、人間の記憶力にも限界があり、それを考慮したパスワードの運用が難しくなってきているともいえます。たとえば、先ほどのパスワードの解析にかかる時間の表にある通り、数字、大文字、小文字、記号を組み合わせた18文字以上のパスワードであれば、コンピューターで解析する場合でも時間を要するので、パスワード文字列としては強度が高いといえます。しかし、そのような長い文字列(パスワードフレーズ)を複数も覚えられるでしょうか。世の中には円周率を10万桁覚えられる記憶力が高い方も存在すると思いますが、一般的にはそのような複雑な文字列を覚えるには限界があり、少なくとも筆者は覚えられる自信はありません。

COLUMN

自分のパスワードが漏えいされているか確認する方法

自分のパスワードが漏えいしていないか気になる方もいらっしゃるかと思います。気になるようでしたら、パスワードの漏えいを確認するWebサイトが存在します。

下記のサイトではメールアドレスを入力することで、関連するパスワードが漏えいしていないか確認することができます。

- Have I Been Pwned: Check if your email has been compromised in a data breach

  URL https://haveibeenpwned.com

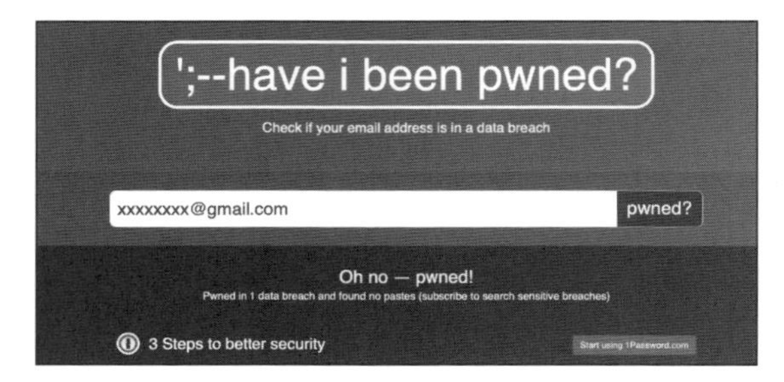

試しに筆者のアドレスを入れたところ残念ながら、流出が確認されました。他にも同様にパスワード漏えいをチェックできるサイトが複数ありますが、中には入力した内容を記録して悪用するサイトもあるので、不用意に情報を入力することは避けたほうがよいでしょう。信頼あるサイトを利用することをおすすめします。

SECTION-05

米国国立標準技術研究所（NIST）によるパスワードガイドライン

米国国立標準技術研究所（NIST）がパスワードのガイドラインを公開しています。

- NIST SP 800-63-3「デジタルアイデンティティガイドライン」
  URL https://pages.nist.gov/800-63-3/

長らく、このガイドラインがパスワード運用のベストプラクティスとなっていました。ただ、このガイドラインの内容も、デジタル環境の変化などにより課題が浮き彫りになっています。NISTのパスワードガイドラインとその課題について、具体的な例を挙げながら、掘り下げて説明します。

パスワードの複雑さ

NISTのガイドラインによれば、パスワードは少なくとも8文字以上であるべきとされています。最長64文字まで可能であり、長ければ長いほど安全とされています。長いパスワードの設定を促すために、パスワード作成ルールを使うことを推奨しています。

これに基づき、多くの組織では8文字以上の長さをルールとしており、文字数だけでなく、小文字、大文字、数字、記号を必ず使うことを促しています。加えて過去に使用した文字列は使えなくするといった、パスワード作成ルールを強制する運用も取り入れているケースもあります。

なお、日本国内のガイドラインとしては、内閣サイバーセキュリティセンターの情報によると、ログイン用パスワードは10桁以上、暗号キーなら15桁以上がよいということになっています。

- 内閣サイバーセキュリティセンター
  URL https://www.nisc.go.jp/pr/column/20220705.html

◉パスワードの作成ルールを強制する仕組みの例

保存　破棄　フィードバックがある場合

カスタムのスマート ロックアウト

ロックアウトのしきい値　10

ロックアウト期間 (秒単位)　60

カスタム禁止パスワード

カスタム リストの適用　はい　いいえ

カスタム禁止パスワードの一覧
kyndryl
IBMJ
Microsoft
Zero
Trust
TOKYO
YOKOHAMA

Windows Server Active Directory のパスワード保護

Windows Server Active Directory のパスワード保護を有効にする　はい　いいえ

モード　強制　監査

パスワードの複雑さを強制するとデメリットもある

パスワードの文字列を長くする、類推しにくい文字・数字・記号などの組み合わせることはセキュリティ強度の観点では望ましいことではありますが、ユーザーが覚えられないなどの理由で、付せんにパスワードを記載して誰でも見える場所に貼るなど、セキュリティ的には看過できない場合も起こり得ます。また、近年コンピューターの性能は飛躍的に向上しており、近い将来には量子コンピューターなどの普及により、パスワード解析時間は今よりも短くなることが予想されています。

そのため、現代のデジタル環境においては単純にパスワードを複雑にすればよいという状況ではなくなりつつあるといえます。

定期的にパスワードを更新する

インターネットが普及し始めた1990年後半ごろには、セキュリティルールとして、パスワードは定期的に変更するものとして、パスワードに有効期限を設けることが一般的でした。ISMS(Information Security Management System)などの取り組みでもパスワードは定期的の変更することを推奨しています。今でも多くの組織でパスワードに有効期限を設けているのではないでしょうか。

ところが、パスワード管理に関する方針として、「パスワードの定期的な変更は不要」という内容が2018年3月に総務省より発表されて大きな話題を呼びました。これまでは、パスワードの定期的な変更が推奨されていましたが、2017年にNISTのガイドラインが改訂され、サービスを提供する側がパスワードの定期的な変更を要求すべきではない旨が示されたことが起因となっています。

その他、内閣サイバーセキュリティセンター(NISC)からも、パスワードを定期変更する必要はなく、流出時に速やかに変更する旨が示されています。これらは、すなわち日本政府が公式に方向転換したことを示しています。

この方針転換は、NISTが発表した最新のガイドラインに準じて行われたことは先に述べた通りですが、さらに2019年4月に公開されたMicrosoftのOS「Windows 10」のバージョン1903などのセキュリティベースラインのドラフトにおいても、「パスワードに期限を設定すべき」というポリシーを廃止し、実質的にパスワードの定期変更は不要と表明したことも方針転換の後押しとなりました。

これまで、パスワードは類推しにくい文字・数字・記号などの組み合わせで、定期的に変更するに望ましいというのがセキュリティ上の定説でしたが、どうして方針転換が行われたのでしょうか。

パスワードを変更すること自体に問題があるのではなく、複数のパスワードを定期的に変えることで、次のような要因が、危険度を高めてしまう理由として考えられます。

- 文字列作成のルールがパターン化しやすい
- 覚えやすい簡単なものにしてしまいやすい
- 使い回しする可能性が高まる

こうしたリスクを減らすため、流出した事実がないパスワードをわざわざ変更する必要はないというのが、方針転換の要因となっています。

NISTがパスワードポリシーのガイドラインについて第二版公開素案を発表

先に述べた通り、「パスワードの複雑さ」や「定期的にパスワードを変更」する運用にはさまざまな課題があります。そのため、NISTの新しいパスワードポリシーのガイドライン素案では、定期的なパスワード変更や複数の文字タイプ(文字・数字・記号など)の組み合せを強制すべきではないと要件変更されています。この素案の背景には、セキュリティ強化と利用者の利便性についてバランスを考慮したものと推測されます。

現時点での新しいパスワードポリシーのガイドライ素案[1]として推奨しているパスワードに関する最新の規定は次の通りです。なお、「検証機関」とは、パスワード認証システムやそれを運用する人のことを示します。

1. 検証機関と資格情報サービスプロバイダー(CSP)はパスワードの長さが最低8文字であることを義務付けるものとし、パスワードの長さが最低15文字することを推奨すべきである。
2. 検証機関とCSPは少なくとも64文字までパスワードを許可すべきである。
3. 検証機関とCSPはパスワード内のすべての印刷可能なASCII(RFC20)文字とスペース文字を受け入れるべきである。
4. 検証機関とCSPはパスワードにUnicode(ISO/ISC 10646)文字を受け入れるべきである。また、パスワードの長さを評価する際、各Unicodeコードポイントは1文字としてカウントされるものとする。
5. 検証機関とCSPはパスワードに対して他の構成ルール(異なる文字タイプの混在を要求するなど)を課してはならない。
6. 検証機関とCSPはパスワードの定期的な変更をユーザーに要求してはならない。ただし、認証侵害の証拠がある場合は変更を強制する。
7. 検証機関とCSPは加入者が認証されていない(ログインがまだ完了していない状態)請求者からアクセス可能なヒントを保存することを許可してはならない。
8. 検証機関とCSPは加入者にパスワードを選択する際に知識ベース認証(KBA : Knowledge Based Authentication)(たとえば「両親の名前は何ですか」など)やセキュリティの質問を使用するよう求めてはならない。
9. 検証機関は提出されたパスワードを検証しなければならない。

[1]: 3.1.Requirements by Authenticator Type(https://pages.nist.gov/800-63-4/sp800-63b.html#reqauthtype)

また、同素案では明確に「パスワードにフィッシング耐性はない」と記載されています(3.1.1)。フィッシング耐性に最も効果が期待されるのはパスキーなので、この素案をきっかけにパスキーの利用がより加速するのではないでしょうか。

パスワードの有効期限を設けている組織は多い

このようにパスワードの有効期限を撤廃する動きがある一方で、パスワードに有効期限を設け、定期的に変更を促している組織も少なくありません。それは、一度パスワードが漏えいしてしまうと組織にとって重大なインシデントを引き起こす可能性があり、常に漏えいされるリスクを考慮してパスワードに有効期限を設けているからです。特に同じ組織で活動している場合、利用するIDは想定されやすい環境にあり、何らかの理由で他人のパスワードを知りえた場合、第三者によって悪用される可能性があります。

しかし、この運用ルールの場合、ユーザー側は有効期限が失効するたびに、新たなパスワードを作成する必要があります。せっかく、複雑な文字列のパスワードを作成したのに、有効期限を迎えるたびに再び新たな文字列を考えるのは非常に億劫なことだと思いますし、その結果、パスワードの作成や管理がずさんになることは、本来の目的からすると本末転倒といえます。

パスワードに有効期限を設けるのは悪いこととは思いませんが、ユーザーの利便性を考えると、複数のパスワードを管理しなければいけない現在のデジタル環境においては、最もよい方法とはいえなくなってきています。だとしたら、いっそのことパスワードのそのものを使わない仕組みがユーザーにとっても有用といえるのではないでしょうか。

◉パスワードの有効期限を撤廃した事例

パスワードレスとパスワード期限の無期限化

方針転換の背景

- 複数の公的専門機関において「パスワードの定期的な変更」に関する方針見直しが行われている。
- パスワードの定期的な変更を要求することで、**パスワードの作り方がワンパターン化し、簡単なものになること、使い回しするようになることの方が問題**。
- パスワードの定期的な変更は不要にする取り組みが増えている。

取り組み事例

- これまでパスワードの有効期限を40日と定めていた。
- 社内ドメインのWindowsパスワードポリシーを変更し、**パスワード有効期限を廃止**とした。

変更前：40日で変更を求められる
変更後：定期的な変更は求めない(無期限)

パスワード運用の限界

このように、パスワードの運用、管理にはさまざまな課題があることがわかります。強固なパスワードの生成、忘れないパスワードフレーズ、パスワードの流出など、これらの問題を解消するにはどうすればよいでしょうか。それには「パスワード」を使わない認証の仕組みに変えてしまえばよいのです。

しかし、「パスワードを使わないなんてセキュリティとして問題があるのでは?」と思われるかもしれません。当然ながらセキュリティ強度を上げることも大切なことですし、利便性を追求してセキュリティ強度を下げるようなことはあってはなりません。要は安全性と利便性を兼ね備えた仕組みがあればよいのです。

それこそがパスワードに代わる新たな認証の仕組みとして注目されている技術「パスキー」なのです。

COLUMN

パスワードを平文で保存せずに暗号化すれば漏えいは起こらないか?

サービス事業者などパスワードの管理する側のシステムからパスワードが盗まれたり漏えいしたりする事件が後を絶ちません。一般的には、パスワードの漏えいに備えて、パスワードは平文(ひらぶん)(暗号化されていなく、そのままの形)では保存されていません。ハッシュ値と呼ばれる文字列に変換されてサーバーに保存されているので、たとえ流出したとしてもそのままでは悪用できないようにしています。

しかし、それでも安心はできません。コンピューターやGPU(画像処理半導体)を利用すれば、ハッシュ値からもとのパスワードを推測できる可能性があります。セキュリティベンダーの米Hive Systems(ハイブシステムズ)によれば、8桁の数字だけのパスワードなら瞬時、8文字の複雑なパスワードでも1時間以内に解読できるとしています[2]。

◉8文字のパスワードを解読するのにかかる時間(ハッシュ関数:MD5)

Number of Characters	Numbers Only	Lowercase Letters	Upper and Lowercase Letters	Numbers, Upper and Lowercase Letters	Numbers, Upper and Lowercase Letters, Symbols	Hardware
8	Instantly	6 secs	24 mins	2 hours	4 hours	RTX 2080
8	Instantly	6 secs	13 mins	52 mins	2 hours	RTX 3090
8	Instantly	1 sec	5 mins	22 mins	59 mins	RTX 4090
8	Instantly	Instantly	2 mins	7 mins	19 mins	A100 x8
8	Instantly	Instantly	1 min	5 mins	12 mins	A100 x12
8	Instantly	Instantly	Instantly	Instantly	1 sec	A100 x10,000 (ChatGPT)

このようにパスワードをハッシュ化しているからといっても絶対に安全とはいえず、対策としてはパスワードによく用いられる文字列を使わない、複数の文字や記号を組み合わせた複雑な文字列にする、パスワードを使い回さない、といった基本を守ることが重要です。

[2]:https://www.hivesystems.com/blog/are-your-passwords-in-the-green?utm_source=header

SECTION-06

パスワードのない世界へ

パスワードを使わない認証とは、従来の記憶に頼った文字列を使うのではなく、代わりに顔や指紋などを使った生体情報で認証する方法や、端末に紐付いた秘密の鍵を使うなど、パスワードに代わる認証の仕組みです。

パスワードを使わない利点を例に挙げると次のようなものがあります。

- ユーザー
  - パスワードを覚える必要がない。パスワードを管理しなくてよい。
- 管理者
  - パスワードが流出される可能性がない。パスワードを忘れてアカウントロックされたユーザーの対応がなくなる。
- サービス事業者
  - パスワードを預からないため、パスワード流出のリスクを備えた対策が不要になる。ユーザーの認証率が高まり、ユーザーの満足度が向上する。

ユーザー(利用者)にとってのメリット

パスワードを使わないため、ユーザーからすればいちいちパスワードを覚える必要はないため、パスワードを忘れてサービスにアクセスできなくなったということはなくなるでしょう。

また、何度もパスワード認証が失敗してアカウントがロックされてしまい、システム管理者に問い合わせてアカウントロックの解除方法を確認するいうことも不要になります。パスワードが失効したので、次はどんなパスワードにするか毎回考える必要もありません。

まさに、煩雑なパスワード管理から解放されます。

システム管理者にとってのメリット

システム管理者にとっても、パスワードを失念してしまったユーザーへの対応から解放されることで、それに対応するオペレーターなどの稼働も減り、コスト削減効果も期待できます。

また、パスワードを使わない認証でユーザーがスムーズにログインできるようになれば、業務の効率化と生産性の向上が期待できます。

サービス事業者にとってのメリット

サービス事業者にとっても、パスワードを預からない、管理しないということは多くのメリットがあります。パスワードを保管する必要がないので、サイバー攻撃などでパスワードが流出するリスクに備えたセキュリティ対策からも解放されますし、何よりもそういったリスクから解放されることで管理者の肩の荷が下りるのではないでしょうか。

また、サービス事業者としても、認証が失敗するとサービスの利用をあきらめてしまうユーザーも一定数いるため、サービスの満足度向上、ユーザーの離反防止にも関係するため、収益を上げ、コストを削減する効果にも期待できます。

COLUMN

ユーザーは従来のパスワード運用に苦労し続けている

米国と英国の2000人を対象とした独立調査の結果[3]では、従来のパスワードに多くの人々が引き続き苦労していることがわかりました。

- 4人に1人が、パスワード管理の脆弱性により少なくとも1つ以上のアカウントが侵害されたと報告しています(24%)。
- 4分の1以上の人が、毎月少なくとも1つのパスワードをリセットまたは回復を行っている(26%)。
- 回答者のほぼ半数の人が、パスワードを忘れたらオンラインサービスの利用もしくは購入を断念すると回答しています(45%)。

[3]:World Password Day 2024 Consumer Password & Passkey Trends(https://fidoalliance.org/wp-content/uploads/2024/05/World-Password-Day-2024-Report-FIDO-Alliance.pdf)

SECTION-07

パスキーの登場

パスワード運用、管理で苦闘が続く中、パスキーの存在を認識し、パスワードの代替としてパスキーの実装を試みる企業が増えています。そして、パスキーを採用する企業が増えることによって、世界中の消費者や企業からはセキュリティの強度と使いやすさが向上しているという調査結果[4]も出ています。

- 大多数の人がパスキー技術を認識しています(62%)。
- 回答者の半数以上が、少なくとも1つのアカウントでパスキーを有効にしていると回答しています(53%)。
- 少なくとも1つのパスキーを採用すると、ほぼ4人に1人が、可能な限り他のサービスでもパスキーを有効にします(23%)。
- 大多数が、パスキーのほうがパスワードよりも安全(61%)で便利(58%)であると考えています。

これらの調査結果からも、パスキーに対するポジティブな傾向が明らかになっているといえます。少なくとも一度でもパスキーを採用すると、オンラインサービスでの利便性の高さとセキュリティの向上を目的に、他のオンラインサービスでもパスキーを有効にする可能性が高くなるといえます。

パスキーはフィッシング耐性が高い認証技術

パスキーはIDやパスワードの窃取を目的とするフィッシング詐欺の耐性が高いのが特徴です。

近年ではフィッシング詐欺によって、セキュリティ強度が高いといわれている2段階認証さえも突破される被害が起こっています。このような事態からも、止まらないフィッシング詐欺被害への対策として、警察庁サイバー警察局がキャッシュレス社会の安全・安心の確保の検討会において、パスキーを普及促進させることを提言しています。

[4]：World Password Day 2024 Consumer Password & Passkey Trends(https://fidoalliance.org/wp-content/uploads/2024/05/World-Password-Day-2024-Report-FIDO-Alliance.pdf)

警察庁によると主にフィッシングによるとみられるインターネットバンキングでの不正送金被害額は昨年1年間でおよそ87億円と過去最多としています[5]。また、フィッシングによるクレジットカードの不正利用も急増しています。こうした中、被害防止については通常のIDやパスワードによる認証ではなく生体認証などを使った「パスキー」を普及させるべきとしています。実際にパスキーを使った場合、フィッシング被害がゼロになったという報告もあり、今後官民一体となりパスキーの導入を積極的に進める方針です。

政府は2024年6月、犯罪対策閣僚会議を開催し、「国民を詐欺から守るための総合対策[6]」を取りまとめました。これらはフィッシング被害の拡大といった情勢を受けたものです。具体的な対策として、次の3点を挙げています。

- DMARC(Domain-based Message Authentication, Reporting, and Conformance)などの送信ドメイン認証技術への対応促進
- フィッシングサイトの閉鎖促進
- パスキーの普及促進

パスキーの採用事例

2022年からの2年間で企業や団体により100以上のWebサービスがパスキーの対応を表明しています。2024年の時点で代表的な企業や組織、団体には、Google、Apple、Microsoft、Amazon、ソニー・インタラクティブエンタテインメント、楽天、NTTドコモ、GitHub、PayPal、英国の国民医療制度(NHS)、OnlyFans、任天堂などがあり、80億以上のオンラインアカウントがパスキーに登録されているともいわれています。

代表的なパスキーを採用した企業の取り組みや効果などについて紹介します。

◆ Amazon

Amazonにおけるパスキーの利用状況などは次の通りです[7]。

- パスキー利用者が1億7500万人を突破している。
- 認証成功率は91.80%となっており、高い認証率を誇っている。
- パスキーはUXを改善できると期待されている。

[5]：警察庁キャッシュレス社会の安全・安心の確保に向けた検討会報告書(https://www.npa.go.jp/bureau/cyber/pdf/r5report.pdf)
[6]：https://www.kantei.go.jp/jp/singi/hanzai/kettei/240618/honbun.pdf
[7]：https://www.aboutamazon.com/news/retail/amazon-passwordless-sign-in-passkey

◆ TikTok

TikTokにおけるパスキーのサポート状況などは次の通りです。

- 2023年にパスキーのサポートを開始した。
- MFA（他要素認証）はいまいち普及しなかったため、パスキーの普及を優先させた。
- iPhoneなどApple製品ならパスキー認証画面が標準UIで実装できるため、ユーザーに優しく展開も容易だった。

◆ ソニー・インタラクティブエンタテインメント（SIE）

ソニー・インタラクティブエンタテインメント（SIE）におけるパスキーのサポート状況などは次の通りです[8]。

- 対象は全世界のSIEアカウントとし、2024年にパスキーをサポート開始した。
- パスキーの有効とともに、パスワードは無効化する仕様にした（パスワードを覚えておく必要はなくなる）。
- パスキー導入の目的はUXの向上である。
- SMSによる二段階認証をなくしたことにより、コスト削減にも成功した。
- サポートセンターにパスワードリセットの問い合わせが減った。
- FIDO非対応機器への対応、たとえばPS4はFIDOに対応していないが、他のFIDO対応の機器を使い、クロスデバイス認証で対応している。

今後もパスキー採用企業が増えていく

ここに挙げた事例に限らずパスキーを採用する企業や組織は増えており、今後さまざまなWebサービスなどで使われていくと思われます。

このように、パスワードを使わない世界はもう現実のものになっています。しかし、パスキーはパスワードに代わる新しい認証の仕組みであることは理解したとしても、パスキーがどのような仕組みであるか、いまいち理解できないという人も多いのではないでしょうか。次節ではパスキーの基本的な概念について説明します。

[8]：https://sonyinteractive.com/jp/news/blog/passkeys-introducing-a-more-secure-more-convenient-way-to-play/

SECTION-08

パスキーの基本的な概念

パスキーのアーキテクチャや詳しい仕組みについては後の章で解説しますが、ここでは基本的な概念を説明します。

パスキーは秘密の鍵を使う

パスキーの仕組みについて詳しいアーキテクチャは後章で説明するため、ここでは詳細は割愛しますが、パスキーはパスワードを使わずに、代わりに端末や専用の認証器に保管された秘密の鍵を使って認証を行います。

この秘密の鍵は利用するアプリケーションごとに異なり、加えて秘密の鍵はインターネット上では流れることはありません。Webサービスなどの提供業者は秘密鍵を預かることも保管することもないため、鍵が漏えいする恐れはありません。あくまでも秘密鍵を持っているのは利用者本人ということになります。

アプリケーションごとの秘密鍵はTPM(Trusted Platform Module)[9]などの安全な場所で保管・管理するための仕組みで守られており、外部から鍵を盗み出すことはできません。その秘密の鍵を使うには本人認証(検証ともいう)が必要であり、指紋や網膜情報を使った生体認証やPINコード、専用のUSBキーなどが用いられます。

このように、パスキーでは秘密とされる情報がインターネットを流れないため、強力な認証の仕組みが取られており、セキュリティ強度と利便性の両立を実現しています。

◉パスキーの仕組み

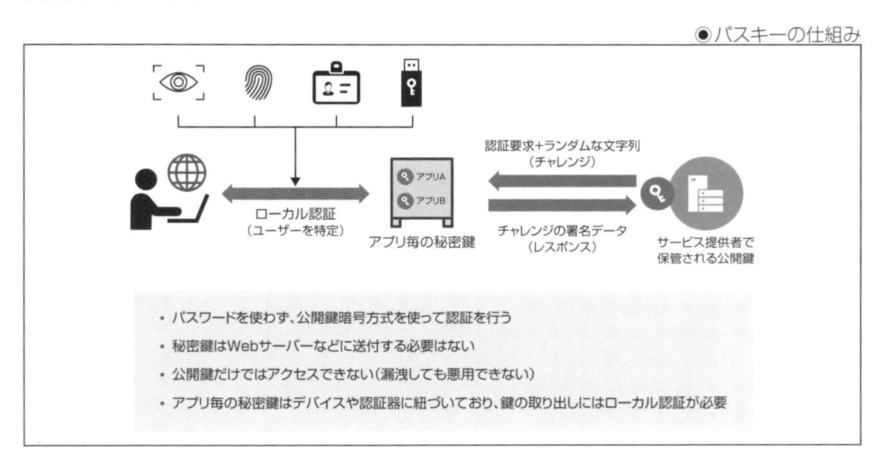

[9]:デバイス上でさまざまなセキュリティ機能を提供するためのモジュール。

パスキーを利用する上での注意点

パスキーを利用するには、サービス提供側でパスキーに対応している必要があります。2024年時点でもパスキーに対応したサービスが増えてきていますが、新しい認証の仕組みでもあるため現状では対応するサイトやサービスがまだ少ない状況です。

そのため、普段利用しているサービスが対応しているとは限らないため注意が必要です。

パスキーを利用する端末や認証器が必要

パスキーで使う秘密鍵を格納する端末やUSBなどの認証器が必要になります。生体認証やTPMなどの備えた端末であれば、そのまま活用できますが、対応した端末がない場合には別途用意する必要があります。特に古い端末では注意が必要です。

●認証器の例(写真はSwissbit社のUSB認証器)

※出典:https://www.swissbit.com/ja/products/ishield-key/

パスキーにまつわる誤解

パスキーには誤解も少なからずあるのも事実です。その誤解によってパスキーの実態や、パスキーについていまいち理解が深まらない要因になっていると筆者は感じています。

◆パスキーはパスワードレスのこと?

パスキーはパスワードを用いない認証の仕組みであるため、パスワードレスのことを示すのはある意味間違ってはいません。ただし、従来からあるパスワードレス認証の中には、パスワードの入力を他の手段で実現する方法が存在します。それは、あくまでもパスワードは存在しており、入力の代替手段として使われるため、厳密にはパスキーという定義にはなりません。パスキーはパスワードの代わりに秘密の鍵を使って認証を行うため、パスワードの入力が不要になるパスワードレスの仕組みとは異なります。

この誤解によって、今までもパスワードを入力しない運用をしているため、パスキーは目新しいものではなく従来の仕組みと変わらないと考えている方もいます。これらは同じ技術、仕組みではないことに注意しましょう。

ポイントはパスワードの入力を省略する方法ではなく、パスワードをインターネットに流さない秘密鍵を使った認証であることです。

◆パスキーは生体認証?

この誤解も多く見受けられます。パスキーの仕組みで本人認証として生体情報を使って認証(検証ともいう)することはありますが、生体認証が必須ということではありません。パスキーの場合、生体認証を使うのは、あくまでも秘密鍵の取り出しに使う場面に限定されます。

一方で、従来から存在する生体認証の1つとして、パスワードを取り出す手段として使われる場合があります。この場合、パスワードの入力はしていませんが、実態はインターネット上にパスワードは流れるために、パスキーの認証方式とは異なります。

まれに生体認証の仕組みを取り入れているので、新たにパスキーは不要であるという意見も耳にしますが、それらはまったく異なる技術であることに注意が必要です。

◆パスキーはクラウド技術の1つ?

パスキーで取り扱う秘密鍵は専用の認証器に保存されると説明しました。一方で、パスキー認証をより多くの利用者に使ってもらうために、秘密鍵をクラウドに保存するという仕組み(同期パスキー)も提供されています。主な目的としては、複数の端末で同じパスキーを使いまわせる利便性や、端末の買い替え時の初期設定が不要になることや、端末を紛失したときなどに、リカバリー手段として用いられることがあります。

また、AppleやGoogleといった大手プラットフォームがそれらの技術を提供していることからも、パスキーがクラウド技術の1つであり、クラウド接続が前提になっているかのように誤解を受けているケースがあります。そのため、「クラウド接続を禁止されている環境下ではパスキーは利用できない?」といった意見も見受けられます。パスキーの方式には認証器に秘密鍵を保存する「デバイス固定パスキー」方式も存在しているため、クラウド接続が必須ではなく、オプションとしての位置付けになります。

プラットフォームによる秘密鍵をクラウドに保存する方式により、急速にコンシューマーサービスにパスキー導入が加速している一方で、金融機関や公共機関では「デバイス固定パスキー」を求める声もあり、パスキーを利用する環境次第で、2つの方式が存在することを理解しておくとよいでしょう。

筆者の懸念として、「秘密鍵をクラウドに保存することが安全といえるのだろうか?」という考えは払拭できておらず、同期パスキーの安全性については今後も注視していきたいと思っています。

◆FIDOとパスキーは違うもの?

従来からFIDOアライアンスが定義するFIDO認証というものがあり、事実上、このFIDO認証方式がパスキーの実態になります。そして、このFIDO認証方式について、AppleがWWDC2022にて世界ではじめて「パスキー」というキーワードを世に公表したことで、話がややこしくなります。

では、「今までのFIDO認証方式はパスキーではないのか?」、もっといえば、「クラウドを使わない『デバイス固定パスキー』はパスキーの定義に当てはまらないのではないのか?」と考えられたからです。事実として、資格認証情報(秘密鍵)をクラウド経由で同期する仕組みがパスキーと解説している記事も見かけます。

結論からいえば、「デバイス固定パスキー」もパスキー認証方式であって、クラウド経由での同期はオプションの扱いであることは先に説明した通りです。FIDOアライアンスとしても、クラウド同期を行わない従来のFIDO認証方式もパスキーであると定義しており、この辺りのプラットフォームの提唱と、従来の定義との間で誤解を生む要因になっています。

あまり難しいことは考えず、どちらも「パスキー」として理解しておくのがよさそうです。

◉AppleがWWDC2022で「パスキー」を発表

AppleがWWDC2022で「パスキー」発表

マルチデバイス対応FIDO認証資格情報

パスキーにまつわる誤解はこれら以外にも存在しますが、それらは後章で解説する仕組みを理解することで解消されるはずです。これらの誤解によりパスキーの導入検討にとどまっているのであれば、誤解に惑わされることなく、パスキー認証の導入を推進する一助となればと筆者は考えています。

パスキーの標準化を推進するFIDOアライアンス

パスキーは、生体認証技術などの標準化を目指す米国の非営利団体であるFIDO(ファイド)アライアンスとWeb標準化団体のW3Cが共同で規格化しました。「パスワードのいらない世界」の実現を目指している加盟企業として、セキュリティベンダー、金融サービス、デバイスメーカー、通信など各事業の主要な企業が名を連ね、その数は250社以上に及んでいます。

- FIDOアライアンスの公式サイト

  URL https://fidoalliance.org/?lang=ja

SECTION-09

本章のまとめ

本章で説明してきたように、次のように、パスキーによって利便性向上とセキュリティ強化の両立が可能です。

- 企業の導入効果
  - パスワードリセットが削減され、従業員の認証時間が短縮されるなど、投資効果が期待できる
  - UI/UXの改善になり、利用者のエンゲージメント向上が期待できる。
  - パスワード漏えいのリスクを考慮しなくて済む
- サイバー攻撃のリスク低減
  - パスワードをユーザー、サーバー間で送信しないので、中間者攻撃などでパスワードが漏えいする恐れがない。
  - パスワードを使わないため、フィッシング詐欺の被害に遭いにくい。
- 利便性の向上
  - 複雑なパスワード管理が不要になる。
  - パスワードを覚えておく必要がない(忘れても大丈夫)。
  - パスキーに対応した機器を使えば、簡単にログインが可能になる。
  - 認証成功率が上がり、ログインまでの時間が短縮される。

また、本章では、パスキーが注目される背景として、パスワードだけを使った認証の仕組みが、昨今のデジタル環境の変化では対応が不十分であることや、パスワード運用の限界について説明してきました。本章で説明してきた通り、パスキーにはまだまだ誤解が多くあり、いまいちよくわからないパスキーの採用を躊躇するユーザーや組織もあると思います。

後章でパスキーの誤解を解きながら、具体的なパスキー導入の方法を解説しているので、パスキーの仕組みを理解して、実際に身近なところでパスキーの導入を試してみてはいかがでしょうか。

そして、パスワードを使わない世界、「グッバイパスワード」を実現しましょう。

CHAPTER 02 パスキーとは何か？

本章の概要

さまざまなWebサービスでパスキーを使ったログインがサポートされるようになり、日常生活の中でパスキーを実際に使用するシーンが増えてきました。パスワードを用いた認証の仕組みより安全とされるパスキーですが、パスワードやその他の認証の仕組みと何が違うのでしょうか。

本章では従来の認証方式との違いやパスキー普及を推進しているFIDOアライアンスの取り組みを中心に、パスキーの特徴やその仕組みについて概要を説明します。

SECTION-10

身近にあるパスキー

読者の皆さんは実際にパスキーを使ったことがあるでしょうか。2023年はパスキーの年といわれるほど、主にコンシューマー向けのさまざまなインターネットサービスでパスキーへの対応が急速に広まりました。たとえば筆者も、Amazonで何かを購入しようとしたときに「パスキーが使えるようになりました」と表示され、早速設定するという体験をしました。その後はスマートフォンからだけでなく、PCからのログインの際にもスマートフォンのパスキーで認証しています。

この他にもYahoo! JAPAN、メルカリ、Googleアカウント、GitHub、TikTok、ニンテンドーアカウント、X(旧Twitter)、PlayStation Networkなど、続々とパスキーへの対応が開始されています。Googleのように個人向けGoogleアカウントの標準をパスキーにする動きもあり、読者の皆さんの中にも日常的にパスキーを使っている方がいるのではないでしょうか。

パスキーを用いたログイン画面推移の例

たとえば、パスキーを用いてPCからAmazonにログインする場合の例を見てみましょう。

❶ Webブラウザでログイン時にパスキーでサインインのオプションが表示されます。

❷ QRコードが表示されるので、パスキーを作成したスマートフォンで読み込みます。

❸ スマートフォンで顔認証を行います。

SECTION-11

従来の認証方式

パスキーの仕組みについての説明に入る前に、従来の認証方式について概要を確認します。銀行口座、電車やバスの乗り降り、オフィスの入室管理など、日常生活の中で多様な認証が行われています。認証には知識情報（本人が知っていること）、所有情報（本人が持っているもの）、生体情報（本人の体の特徴に関する情報）の3つの要素があるといわれています。

利便性と、求められているセキュリティの強度に応じて、適切な要素あるいはそれらを組み合わせた方式が採用されています。

ここでは代表的ないくつかの認証方式を見ていきます。

パスワード

最もよく使われている認証方式であるパスワードは知識認証の1つで、通常本人だけが知っている、英数字や記号の数桁の組み合わせからできています。特別な仕組みが不要で利便性が高い一方、パスワードを知っていれば誰でも認証できてしまうという特徴があります。

しかし、覚えやすいパスワードにしてしまったり、同じパスワードを使い回したりすることで漏えいのリスクが高まります。また、異なるパスワードの管理にも手間がかかります。

さらにネットワークを経由したログインの場合、パスワードの盗聴や、偽サイトへの誘導によるフィッシングにも注意が必要です。

秘密の質問

知識認証の1つで母親の旧姓やペットの名前など、登録時にあらかじめ設定しておいた回答と照らし合わせて認証を行います。パスワードを忘れて再設定する際などに使われることがあります。

パスワードと同様に利便性は高いものの、SNS投稿などから類推されるリスクがあります。また大文字と小文字や漢字とひらがなが区別されるため、本人が設定した回答がわからなくなることもあります。

PIN

PINはPersonal Identification Numberの略で、デバイスやICチップに保存された番号との照合を行うことで、PCやスマートフォンを他人に勝手に使われることを防ぐために設定します。また、キャッシュカードやクレジットカードの暗証番号としても使われています。

正しいPINを知っているという「知識」とそのデバイスやICチップを持っているという「所有」を組み合わせた多要素認証となっています。

マジックリンク

ユーザーがメールアドレスやユーザー名を入力すると、メールやSMSでログイン用のリンクが送付され、リンクをクリックするだけでログインができる仕組みです。ログイン用のリンクにはWebサイトやアプリケーションが作成したトークンが埋め込まれており、クリックによりトークンが一致することを確認して認証を行います。

ユーザーはパスワードを覚える必要がなく、非常に手軽にサービスにアクセスできますが、リンクをクリックしているのが本人であることを確認できないという問題があります。このため、メールのアカウントを盗まれる、あるいは公共のWi-Fiネットワークなどで第三者に通信を傍受され、通信内容を盗聴、改ざんされる中間者攻撃(Man-in-the-Middle Attack。以下、MITM攻撃)などのリスクがあります。

ワンタイムパスワード

ログインごとに異なるパスワードを使用します。アプリケーションを使って生成したパスワードを、あらかじめ登録したスマートフォンやメールに送付する方法や、専用のアプリケーションを使い、パスワードを発行して入力する方法などがあり、「所有」タイプの認証の1つです。2要素認証の1つ、あるいは特定の重要な操作の際の追加認証として利用されます。

パスワードは1度きりしか使えないため、漏えいしたとしてもリスクは低いといえます。ただし、PCがマルウェアによるウィルス感染を起こしていた場合、入力したワンタイムパスワードをマルウェアが感知してWebブラウザが乗っ取られ、悪用されるリスクがあります。

生体認証

指紋、顔、虹彩、静脈、声など、あらかじめ登録しておいた身体の情報との照合を行います。空港での顔認証による防犯対策や、指紋認証による銀行のATM利用などで使われていましたが、Touch ID、Face ID、Windows Helloなど、スマートフォンやPCのロック解除に使われるようになり、急速に普及しました。「知識」や「所有」が不要で、身体の特徴そのものを利用することから、利便性が高く、偽造されにくい方法といえます。

一方で身体的特徴に直接紐付くため、IDやパスワードのように再発行の概念がなく、何らかの理由で身体変化があった場合には、改めてシステムへの再登録が必要となります。また、生体認証において取り扱う身体情報は秘匿性の高い個人情報であり、万一登録している身体情報が漏えいした場合、犯罪などに悪用されるリスクがあります。このため、特に身体情報をサーバーなどで集中的に管理する場合は、厳重な情報漏えい対策が必要です。

なお、スマートフォンやPCで登録する生体情報はデバイスの中にのみ格納されており、サーバーやネットワーク上には流れない仕組みとなっています。

CAPTCHA認証

CAPTCHA認証は、Webサイトやサービスで、応答しているのがコンピューター(ボット)ではなく人間であることを判別するために行われるテストの仕組みです。わざと読みにくくした数字や文字が書かれたテキストを表示して入力させる、「わたしはボットではありません」と書かれたチェックボックスをクリックさせる、画面から抜けて落ちているパズルのピースをドラッグしてはめるなどいくつかの種類があります。

CAPTCHA認証は入力者が人間であることを確認することで、ロボットで自動化されたスパム、不正ログインやアカウント作成を防止します。しかし、確認の仕方が視覚に依存している、ディープラーニングにより突破されてしまう場合がある、ユーザーにとっての利便性に問題があるなどのデメリットもあります。

◉CAPTCHA認証の例

As a protection against automated spam, you'll need to type in the words that appear in this image to register an account:
(What is this?)

sepalbeam

※https://en.wikipedia.org/wiki/CAPTCHA

ICカード

IC(Integrated Circuit：集積回路)を内蔵しているカードによる認証です。交通系ICカード、オフィスの入退出管理、学生証、運転免許証といった身分証明書などにも幅広く活用されています。磁気カードに比べて、書き込まれているデータを読み取ることが難しいため、セキュリティ性が高い、記憶容量が大きい、複数のアプリケーションに対応できるといった特徴があります。

カードリーダーへの挿入が必要で情報の読み取り書き込みが難しい接触型と、リーダーにかざして無線通信で情報の読み取り書き込みが容易な非接触型があります。

ICカードでは、格納するデータにより多様な認証に対応しています。たとえば、クレジットカードでは、カード所有者がカードを使用していることを認証するためにPIN認証を行います。また、カードに書き込んだ秘密鍵を用いてICカードが偽造されたものではないことを端末側で検証したり、逆に不正な端末やアプリケーションによるカード解析を阻止したりします。さらに会員資格があるか、限度額を超えていないかなど、サービスを受ける資格があるかどうかのチェックも行います。

認証に関連する用語とパスキー

一般的な認証方式について代表的なものをいくつか確認してきましたが、ここからは主にシステムへのアクセスを想定して、認証に関連するいくつかの用語をパスキーとの関連性や違いに注目しながら見ていきます。

パスワードレス

文字通り「パスワードを使わない」認証のことを指します。通常はパスワードの代わりに、マジックリンク、ワンタイムパスワード、指紋や顔などの生体情報、あるいはそれらの組み合わせで認証を行います。ただし、ユーザーが入力する代わりに、別の手段でパスワードを入力する場合も、パスワードレスに含まれることがあります。

このように一言でパスワードレスといっても、文脈により意図している認証方式が変わってくるため、具体的にどのような方式を想定しているのか、その都度注意してみることが必要です。

パスワードの代わりに採用した認証方式により、リスクや利便性などのユーザーエクスペリエンスが変わってきます。パスワードを使わないという意味においてパスキーを含みますが、より広い意味で使われる言葉だといえるでしょう。

Windows Hello

Windows 10から搭載された機能で、指紋、顔、虹彩といった生体認証やそのデバイスに関連付けられたPINを使ってWindowsデバイスにサインインできるようにします。生体認証情報はデバイス上に保存され、デバイスのサインインに使用されます。またその拡張機能であるWindows Hello for BusinessではMicrosoft Entra IDやActive Directoryのアカウントに対してデバイスの証明書を用いた認証を行い、ポリシー設定により企業レベルでの管理を行います。

なお、Windows Helloはデバイスに格納されたパスキーの秘密鍵のロック解除にも使用されます。すなわちパスキーの「認証器」としてWindows Helloを使うことができます。

多要素認証

知識情報、所有情報、生体情報のうち、2つ以上の要素を組み合わせた認証です。たとえば、1つの要素が万一漏えいしても、他の要素が揃っていない限りログインさせないことで、セキュリティリスクに対応しようとするものです。ID・パスワード（知識情報）で認証したのちに、ユーザーが持っているデバイスにショートメッセージを送りパスコードを入力させる（所有情報）などが該当します。

パスキーはデバイスに格納されたパスキーの秘密鍵を、指紋や顔などの生体情報やPINの入力によってロック解除を行うことにより、所有情報と生体情報あるいは知識情報を組み合わせる多要素認証の1つです。

シングルサインオン

シングルサインオンは、一度のユーザー認証で複数のWebサービスなどにログインできる仕組みです。代表的な仕組みの例がSAML（Security Assertion Markup Language）による認証です。ユーザーが対象のWebサービス（SP：Service Provider）へアクセスすると、SPから認証情報を提供するプロバイダー（IdP：Identity Provider）へ認証要求を送信、IdPはユーザーの本人確認を実行します。承認できればSPに通知（アサーション）、SPはユーザーにログインを許可します。

ユーザーはIdPのアカウントにログインすることで各Webサービスが使えるため、個別のユーザーIDやパスワードを覚える必要がありませんが、万が一、IdPのアカウントが漏えいした場合は紐付くすべてのアカウントが危険にさらされてしまいます。

また、シングルサインオンは管理者が高度なアクセス制御を実施できるという利点があります。

このようにシングルサインオンとパスキーは異なる認証の仕組みですが、IdPのアカウントへのサインインにパスキーを適用するなど、組み合わせて利用することも有効です。

SECTION-13

パスキーとは

従来の認証方式や、システムアクセス検討時によく登場する認証の仕組みについて、その概要やメリット、デメリットを見てきました。ここからはいよいよ本書の主題であるパスキーについて、従来の方法との違いにも着目しながら概要を紹介します。

パスキーとは

ウィキペディアによる説明[1]は次の通りとなっています。

> パスキー(英語:"a passkey"または"passkeys")は、公開鍵暗号方式で認証を行うための秘密鍵とメタデータの組み合わせで、FIDO認証資格情報(英語 :FIDO Credentials)とも称される。パスキーを用いた認証をパスキー認証と称する。

また、パスキー認証については次のように記載されています。

> パスワード認証を代替する認証手段で、パスキーはWebサイトやアプリケーションへ簡単かつ安全なログインを可能とする。従前のパスワード認証はパスワードをWebサイトやアプリケーションのサーバーで一致を検証する。パスキー認証はパスキーを送信せず、「チャレンジ」と称するデータに対してユーザーが手元のパスキーで署名し、Webサイトやアプリケーションのサーバーは署名されたチャレンジを検証してパスキーの真偽を確認する。

なるほど、と思われた方もそうでない方も、ここではもう少しだけ噛み砕いて説明していきたいと思います。

なお、2021年6月にAppleがFIDO2のFIDO認証資格情報のiCloudキーチェーンでのデバイス間の同期機能として発表したのが「パスキー」という名称のはじまりとのことですが、現在ではAppleに限らず、またデバイス間で同期されないもの(デバイス固定パスキー)も含めたFIDO認証資格情報の総称を「パスキー」と呼ぶ場合があります。本書では特に言及しない場合は、デバイス固定パスキーを含めた広い意味で「パスキー」という言葉を使っています。

[1]:https://ja.wikipedia.org/wiki/パスキー

公開鍵暗号方式

パスキーは公開鍵暗号方式を認証に採用しています。公開鍵暗号方式とは、暗号化と復号とで異なる鍵を用い、暗号化用の鍵は公開できるようにした暗号方式です。公開鍵暗号方式が登場する以前から、あらかじめ受信者と送信者が暗号化と復号に使用する共通の鍵を受け渡しておく、共通鍵暗号方式が使われてきました。

共通鍵暗号方式の場合、インターネット上での通信などにおいて第三者に共通鍵が傍受されてしまうと情報が漏えいしてしまいます。このため、安全に鍵を配送する方法が必要となる、通信相手ごとに鍵を用意するため管理が複雑になるなどの課題がありました。こうした課題への解決策として登場したのが、公開鍵暗号方式です。

公開鍵暗号方式では、誰でも入手可能な公開鍵と、発行元しか知らない秘密鍵をセットで使用します。まず受信者は特定のアルゴリズムを使って公開鍵と秘密鍵を生成し、公開鍵を送信者に送付します。送信者は公開鍵を使って情報を暗号化し送付します。受信者は秘密鍵で復号し情報を入手します。

公開鍵は誰でも入手可能ですが、秘密鍵がなければ復号できないため、情報が漏えいする心配がありません。また、秘密鍵を送付する必要がないため鍵の配送問題がなく、鍵の管理もよりシンプルになります。

◉共通鍵暗号方式と公開鍵暗号方式

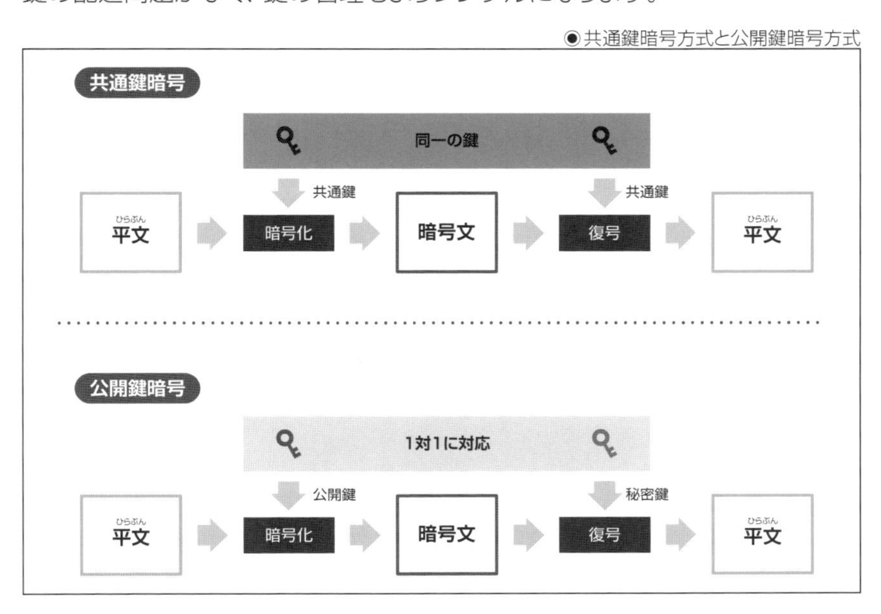

パスキーの認証プロセス

それでは公開鍵暗号方式を使ったパスキーの認証プロセスを見ていきましょう。

Webサービスを利用する前に、あらかじめ公開鍵を登録します。ユーザーはWebサービス側に登録要求し、チャレンジコード(ランダムな文字列)を受け取ります。生体情報やPINにより、ユーザーが認証器の所有者であることを確認した上で、認証器がキーペアを生成します。生成したキーペアのうち、秘密鍵は認証器内の安全な領域に格納します。秘密鍵で署名をしたチャレンジコードと公開鍵をWebサービス側に送信します。Webサービス側は公開鍵が正しいことを検証したのち、登録します。チャレンジコードを使うことで認証器とWebサービスとのやり取りが対になっていることを確認しています。これで事前登録は完了です。

次に実際にログインする場合を見てみましょう。ユーザーはWebサービス側に認証を要求し、チャレンジコードを受け取ります。認証器で生体情報やPINなどによりユーザーが認証器の所有者であることを確認(ローカル認証)した上で、秘密鍵で署名をしたチャレンジコードをWebサービス側に送信します。Webサービス側は署名されたチャレンジコードとペアとなる公開鍵で署名を検証し、検証できた場合にオンライン認証が成立します。

このようにパスキーではローカル認証は認証器の機能で、またオンライン認証は認証器側の秘密鍵とWebサービス側の公開鍵がそれぞれ独立して検証するため、ユーザーと認証器、Webサービスの間で共有する秘密がありません。したがってネットワーク上を秘密が通過することがなく、フィッシングへの耐性があるとされています。

◉パスキーの登録プロセス

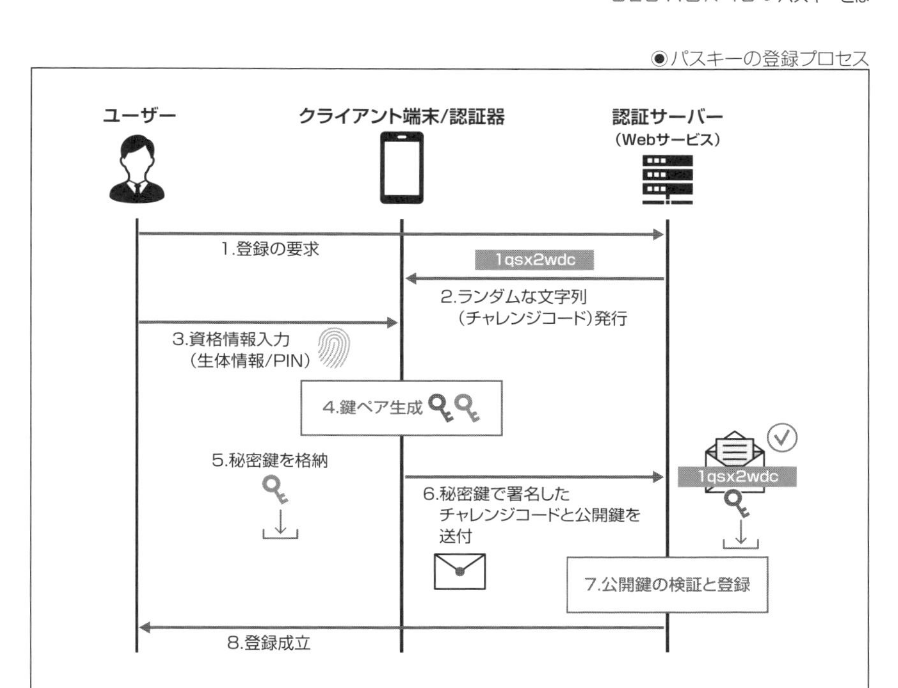

◉パスキーのログインプロセス

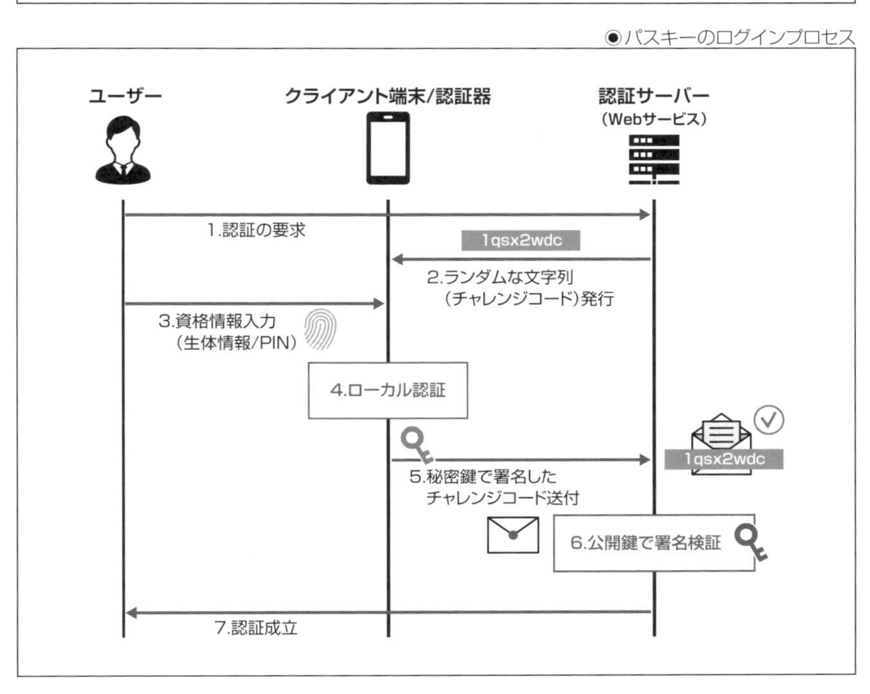

パスキーがもたらすメリット

パスキーの概要を確認したところで、従来の認証方法に比べてパスキーを使うメリットにはどのようなものがあるのでしょうか。利用者の視点、管理者の視点からそれぞれ考えてみましょう。

利用者の視点

従来のユーザーID・パスワードでの認証に代わり、パスキーによる認証となった場合、ユーザーはパスワードを覚える必要がなくなります。Webサービスごとに異なるパスワードルールに応じてパスワードを設定し、それらを管理しなくてよくなります。パスワードの定期的な更新や、パスワードを忘れた場合の再設定も不要です。パスワードが存在しないので、パスワードの漏えいを心配する必要もなくなります。これだけでもユーザーにとってのメリットは大きいでしょう。

第2のメリットとして、パスワードの入力操作自体が不要となります。すでに見た通り、ユーザーはローカル認証時の生体認証やPIN入力を行うことで、Webサービスにアクセスできるようになります。この操作はスマートフォンのロックを解除するために毎日何度も行っている操作と同じ単純な操作です。たとえばGoogleによればパスワードでログインする場合に比べて40%高速、メルカリでは認証成功率82.5%へ向上するなど、ユーザビリティの向上にも効果があります[2]。

さらにデバイスを超えて柔軟に利用できる点が第3のメリットです。PCで見ているWebサービスへのアクセスを手元にあるスマートフォンから認証要求することができます。また、実際には他にも前提事項があるものの、たとえばスマートフォンが故障してデバイス交換が必要となった場合、再登録なしに新しいスマートフォンから継続利用することができます(同期パスキーの場合。同期パスキーについてはCHAPTER 03で解説しています)。

[2]:FIDOアライアンス「70億を超えるオンラインアカウントでパスキーによるパスワードレスサインインが可能に」(https://fidoalliance.org/fido-authentication-adoption-soars-as-passwordless-sign-ins-with-passkeys-become-available-on-more-than-7-billion-online-accounts-in-2023/?lang=ja)

管理者の視点

次に管理者にとってのメリットを考えてみましょう。まず従来の認証方法と比較して、セキュリティレベルが向上します。脆弱なパスワードやパスワードの使い回しがなくなることで、フィッシングや漏えいしたアカウントのパスワードで他のサービスのログインを試行するクレデンシャルスタッフィング、その他のリモート攻撃への耐性が高まります。認証時において、生体情報や秘密鍵の情報はネットワーク上に流れることがないため、メールのアカウントを盗まれることによる漏えいや、公共のWi-Fiネットワークなどで第三者に傍受されるMITM攻撃の心配もありません。とはいえ、たとえばハードウェアキーを利用する場合、デバイス紛失時の対応の検討が必要です。

2つめのメリットとして、パスワードに関わるユーザー支援などの作業が不要となります。たとえばサービスデスクにおいて多くを占めるパスワードリセットについての問い合わせが減ります。パスワード管理についてのエンドユーザーへのガイド作成や研修も削減できるでしょう。

既存のスマートフォンやPCを活用できることももう1つの大きなメリットです。iPhone、Android、Mac、WindowsおよびChromeなどの主要なWebブラウザの多くはパスキーに標準対応しているため、既存のデバイスを活用し、最小限の追加投資でパスキー認証を展開することも可能です。求められるセキュリティ要件により、専用のハードウェアキーを採用する選択肢もあります。

SECTION-15

FIDOアライアンスとは

ここでパスキーの推進母体であるFIDO(First IDentity Online)アライアンスについて説明します。

FIDOアライアンスの歩み

FIDOアライアンスの発足と現在までの流れは次の通りです。

◆ FIDOアライアンス発足とFIDO1.0

FIDOアライアンスは、2012年7月に生体認証などを利用した新しいオンライン認証の標準化を目指してPayPalら6社によるパスワードレス認証プロトコルに関する非営利団体として発足しました。

2014年12月にはパスワードレスプロトコルであるUniversal Authentication Framework(UAF) v1.0と2要素認証プロトコル(Universal 2nd Factor(U2F))が公開されました。デバイスにダウンロードして使用するネイティブアプリケーションを想定したもので、準拠したデバイスとサーバーの製品化が進みました。

現在ではこれらをFIDO1.0と呼ぶ場合があり、狭義のFIDO認証はこのFIDO1.0を指す場合があります。

◆ FIDO2がW3CによるWeb認証の標準に

2016年2月、World Wide Web Consortium(W3C)がFIDOアライアンスによるFIDO 2.0 Web APIに基づくWeb認証の新たな取り組みを採用し、FIDOアライアンスは新たな段階を迎えました。この取り組みは、Webブラウザおよび Webプラットフォーム全体で強力な認証の標準化を図ることを目的としていました。

2018年4月には、FIDO認証のサポートのためにWebブラウザやプラットフォームに組み込まれている標準Web APIとして、W3C Web認証規格(WebAuthn)が勧告候補に達し、FIDO2が正式に発表されました。

FIDO2はW3CのWebAuthn JavaScript API標準と、それに対応する、FIDOアライアンスのCTAP(Client to Authenticator Protocol)で構成されています。

CTAPは外部認証器を利用するための仕様で、主要なWebブラウザで実装が進みました。2019年3月、W3CのWebAuthn勧告によりFIDO2のWebAuthnが正式にWeb標準となりました。

◆ プラットフォームによるサポート拡大とWebサービスでの採用加速

2019年2月にAndroidがFIDO2認定を取得し、以降、Windows、iOS、macOSとFIDO2への対応が進みました。2022年5月にはApple／Google／Microsoftがパスワードレスサインインの利用促進に向けてFIDO標準のサポートを拡大する計画を発表しました。主要なプラットフォームの対応を受けて、2023年以降、Webサービスでのパスキーの採用が加速しています。

FIDOアライアンスの3つのユーザー認証仕様

現在、FIDOアライアンスのユーザー認証仕様には、U2F(Universal 2nd Factor)、UAF(Universal Authentication Framework)、CTAP(Client to Authenticator Protocol)の3つがあり、W3C(World Wide Web Consortium)のWebAuthn仕様とそれを補完するCTAPを合わせてFIDO2と呼んでいます。

◆ U2F

U2Fは2段階認証のための仕様です。Webサービスはユーザーログイン時に強力な第2要素を追加することで既存のパスワードによるセキュリティを強化することができます。ユーザーから見た認証の流れは次のようになります[3]。

1. Webサービスはユーザーロとパスワードでのログイン時に、FIDOセキュリティキーなどの第2要素デバイスの提示を促す。
2. ユーザーはローカルのデバイスでボタンをクリック、あるいはタップする。
3. Webブラウザに組み込まれた機能によりWebサービスへのアクセスができる。

[3]：FIDOアライアンス「ユーザー認証仕様の概要」(https://fidoalliance.org/specifications/?lang=ja)より抜粋

◉U2Fのユーザーエクスペリエンス(2段階認証)

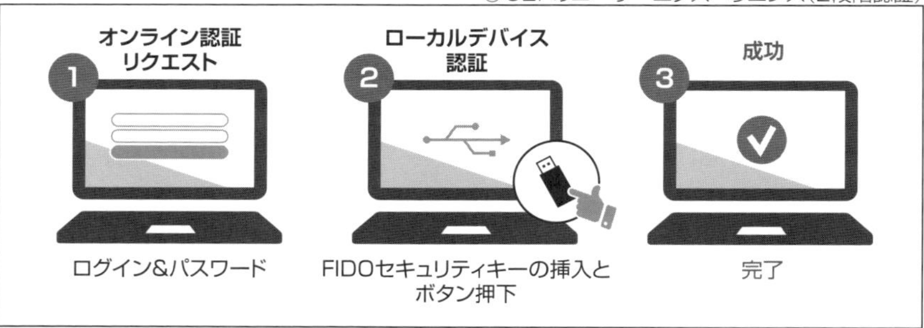

※出典：https://fidoalliance.org/specifications/?lang=ja

なお、FIDO2のリリースに伴い、U2FはCTAP1に変更されています。

◆UAF

UAFはパスワードレスのための仕様です。ユーザーはFIDO UAFスタックをインストールしたデバイスで指をスワイプする、カメラを見る、マイクに向かって話す、PINを入力するなどのローカル認証の方法を選択して、デバイスをWebサービスに登録します。一度登録すれば、Webサービスに対して認証が必要なときはローカル認証アクションを繰り返すだけでよく、パスワードを入力する必要がなくなります。ユーザーから見た認証の流れは次のようになります[4]。

1 Webサービスは、登録済みのデバイスでのローカル認証を求める。
2 ユーザーはローカルのデバイスで設定した認証アクションを行う。
3 Webサービスへアクセスできる。

◉UAFのユーザーエクスペリエンス(パスワードレス)

※出典：https://fidoalliance.org/specifications/?lang=ja

[4]：FIDOアライアンス「ユーザー認証仕様の概要」(https://fidoalliance.org/specifications/?lang=ja)より抜粋

◆ FIDO2(CTAP + WebAuthn)

FIDO2はパスワードレス、2段階認証、多要素認証のための仕様です。デバイス上の認証機能または外部認証機能をサポートしています。WebAuthnとCTAPで構成されており、それぞれW3CとFIDOアライアンスが標準化を行っています。

◉FIDO2の構成要素

仕様	説明
W3C WebAuthn	FIDO認証のサポートのためにWebブラウザやプラットフォームに組み込まれている標準Web API
CTAP2	FIDO2対応のWebブラウザやOS上で認証を行うための外部認証機能(FIDOセキュリティキー、モバイルデバイス)の使用に関する仕様。USB(Universal Serial Bus)、NFC(Near Field Communication)、BLE(Bluetooth Low Energy)を介したパスワードレス、2要素認証、多要素認証が可能になる
CTAP1	U2Fの新しい名称。FIDO2 U2Fデバイス(FIDOセキュリティキーなど)でFIDO2対応のWebブラウザやOS上で認証するための仕様。USB、NFC、BLEを使用できる

ユーザーから見た認証の流れは次のようになります[5]。

1. WebサービスはFIDO認証を要求する(WebAuthnの使用)。
2. ユーザーはローカルのデバイスで設定した認証アクションを行う。下記のオプションがある
   - ・オプション1:デバイス上の認証機での認証
   - ・オプション2:外部認証機による認証
3. Webサービスへアクセスできる。

◉FIDO2のユーザーエクスペリエンス

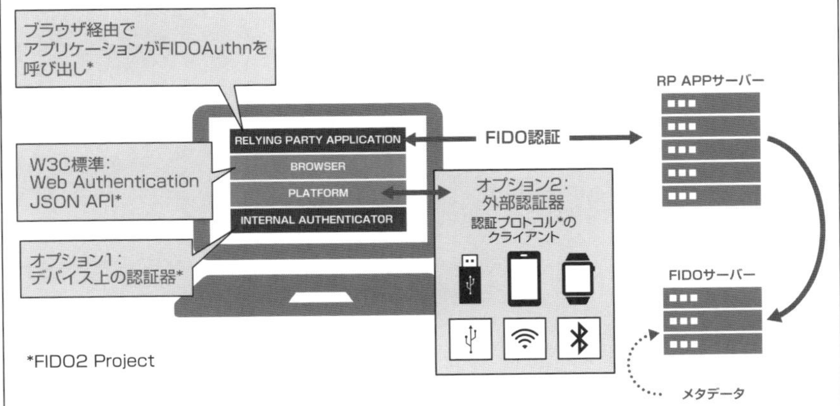

出典:https://fidoalliance.org/specifications/?lang=ja

FIDOによるパスキーの定義

ここまでFIDOアライアンスやその推進するFIDO仕様についてみてきましたが、本書の主題である「パスキー」との関係はどうなっているのでしょうか。主要なプラットフォームやWebサービスでの採用に伴い、パスキーという言葉はよく耳にするようになっていますが、その意味するところは、場面により異なる可能性があるため、注意が必要です。

パスキーという名称は、Appleが2021年6月にFIDO2のFIDO認証資格情報のiCloudキーチェーンで端末間の同期機能として発表し、はじめて用いられました。このため、クラウドサービスを介してユーザーのデバイス間で同期するFIDO認証資格情報(同期パスキー)を意味し、1つのデバイスから外に出ることのないFIDO認証資格情報(デバイス固定パスキー)とは区別される場合があります。

一方、FIDOアライアンスによると、パスキーとは「パスワードを使わないあらゆるFIDO認証資格情報」と説明されています[6]。Webブラウザによって発見可能な、あるいはネイティブアプリケーション内に収容されるFIDO認証資格情報であり、パスワードレス認証のためのセキュリティキーです。すなわち、デバイス固定パスキーを含め、同期の有無にかかわらず、(一般名詞の)パスキーである、としています。パスワードを暗号キーペアに置き換えることで、フィッシングに強いサインインセキュリティを実現し、ユーザーエクスペリエンスを向上させることができるものとして、より広い意味でパスキーという言葉を使っています。

[5]：FIDOアライアンス「ユーザー認証仕様の概要」(https://fidoalliance.org/specifications/?lang=ja)より抜粋

COLUMN

セキュリティ強度について

米国国立標準技術研究所(National Institute of Standards and Technology、NIST)の発行するデジタルアイデンティティガイドライン(NIST SP 800-63)では、アメリカの政府機関におけるデジタルアイデンティティに関する技術要件が定義されています。NISTのガイドラインや基準は、アメリカの政府機関のシステムを対象としているものの、日本を含む他国の行政機関や民間企業でも多く参照されています。

NIST SP 80-63では、認証プロセスの強度を表すAuthentication Assurance Level(AAL)が定義されています。リスクに応じて3つのレベルがあり、連邦政府機関において、個人情報をオンラインで提供する場合は、最低でもAAL2を選択する必要があるとされています。たとえば、パスワードやワンタイムパスワードなどの単一要素による認証はAAL1に相当します。AAL2相当の強度が求められる場合は多要素認証が必要で、加えてフィッシング耐性認証の使用が推奨されます。さらにAAL3ではフィッシング耐性認証が可能なハードウェアベースの認証器を使用する必要があります。パスキーとAALについてはCHAPTER 03で解説します。

AAL	管理目標
AAL1	攻撃に対して最低限の保護が必要。パスワードを狙った攻撃を阻止する
AAL2	多要素認証が必要。フィッシング耐性機能オプションあり
AAL3	フィッシング耐性と検証侵害防止機能が必要

※出典:「NIST Digital Identity Guidelines Second Public Draft of Revision 4」(https://pages.nist.gov/800-63-4/)より抜粋

[6]:FIDOアライアンス「よくある質問」の「PASSKEY(パスキー)と何ですか?」(https://fidoalliance.org/faqs/?lang=ja)

SECTION-16

本章のまとめ

本章では身近なサービスでも導入が進んできているパスキーについて、従来の認証方式との違いに着目しながら、パスキーの定義、利用者や管理者にとっての利点、その仕組みや推進母体であるFIDOアライアンスの歩みから概要をまとめました。まずはユーザーがパスワードを覚える必要がなく、ネットワーク上で盗聴されることがないパスキーの利点やその目指すところが理解いただけたのではないでしょうか。主要なプラットフォーマーでの対応やWebサービスプロバイダーの採用が進み、より幅広い場面でパスキーの利用を検討するための受け皿が整ってきました。次章からはパスキーの技術的な解説に入っていきます。

パスキーに関わる認証技術と動向

本章の概要

CHAPTER 02で解説した通り、パスキーは「Webサイトまたはアプリケーション上のユーザーのアカウント認証時に利用するパスワードレスなFIDO認証情報(クレデンシャル)」です。

本章では、パスキーを用いた認証である「FIDO(ファイド)認証」に関して、アーキテクチャ、技術仕様の標準化、ならびにNISTや企業におけるパスキーの位置付けなどの最新動向を解説します。

SECTION-17

FIDO認証の概要とアーキテクチャ

FIDO（ファイド）認証は、従来の認証方式のように秘密情報を共有する仕組みを抜本的に見直しています。この仕組みを詳しく見ていきましょう。

FIDO認証とは

FIDO認証は、ユーザーの本人性をローカルで検証するプロセスと、その検証結果の確からしさを検証するプロセスを分離し、公開鍵暗号方式を使って1つのプロトコルとしてまとめて提供している点が革新的です。

下図の通り、ユーザーがサービス提供者のアプリケーションに対して認証要求を行うと、サービス提供者からチャレンジが送付され、ユーザーは手元にあるセキュリティキーやスマートフォンなどの認証器で本人性をローカルで検証し、本人性を検証できた場合に限り認証器が秘密鍵を使って署名を生成し、署名付きのチャンレンジへのレスポンスをサービス提供者に返送します。サービス提供者は、ユーザーに紐付け保管していたペアの公開鍵を用いて署名を検証し、適切な署名である場合にのみ、認証を成功させます。

また、認証用に利用する鍵ペアは、1つのアプリケーションサービス（ドメイン）ごとに一意で他のサービス提供者に情報共有されないこと、認証器が利用する生体認証は外部に持ち出されないなど、ユーザーのプライバシーにも配慮した設計となっています。

●FIDO認証の仕組み

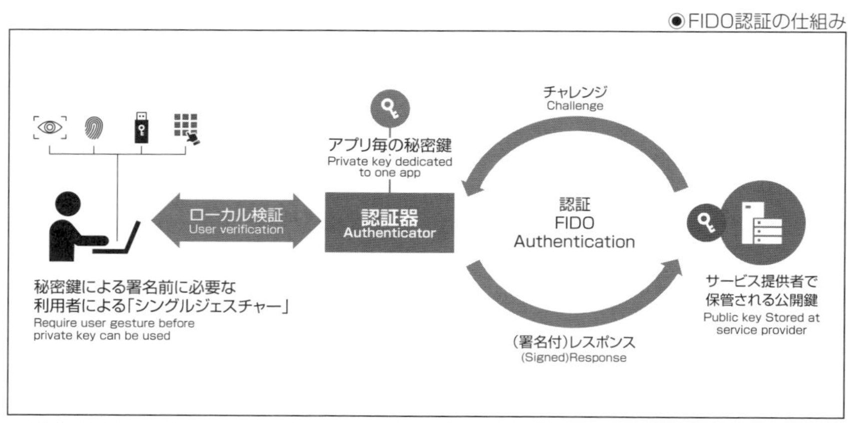

※出典：https://www.passkeycentral.org/introduction-to-passkeys/fido-authentication-specifications

FIDO認証のアーキテクチャ

FIDOアライアンスでは、FIDO認証のリファレンスアーキテクチャを下図のようにまとめています。

●FIDOリファレンスアーキテクチャ

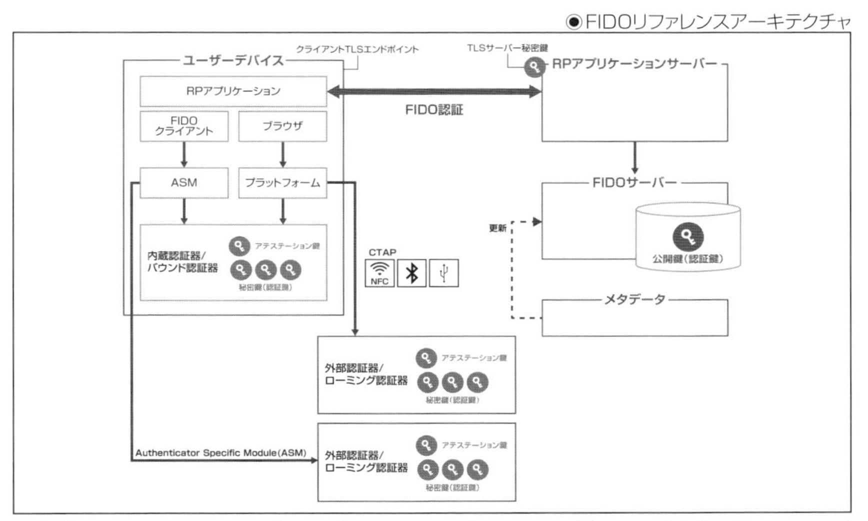

※出典：FIDOアライアンス「FIDOセキュリティリファレンス」(https://fidoalliance.org/specs/common-specs/fido-security-ref-v2.1-ps-20220523.pdf)をもとに翻訳・作成

FIDO認証は、RPが制御するコンピューティング環境と、認証するユーザーが制御するコンピューティング環境の間の通信で行われます。RP側の環境は、少なくともWebサーバー、Webアプリケーションのサーバー側部分、およびFIDOサーバーにより構成されます。FIDOサーバーは、FIDO認証器が作成する認証用秘密鍵の対となる公開鍵を保管し、FIDO認証器の真正性を検証（アテステーション）する際に利用するメタデータを持ちます。ユーザー側の環境であるFIDOユーザーデバイスは、1つ以上のFIDO認証器、FIDOクライアントと呼ばれるUAFおよびU2F通信のエンドポイントとなるソフトウェア、およびユーザーエージェントソフトウェアにより構成されます。ユーザーエージェントソフトウェアは、RPが提供するWebアプリケーションをホストするブラウザであることもあれば、RPが配布するスタンドアロンアプリケーションであることもあります。

Web認証の場合、WebブラウザはFIDOクライアント機能の主要部分を実装し、基盤となるオペレーティングシステム（プラットフォーム）は認証器とのインタフェースとなるASM（Authenticator Specific Module）部分を実装します。

パスキーの最新動向

FIDO認証のアーキテクチャでは、FIDO認証器が保管する「秘密鍵」のコピー、バックアップ、リストアはされないことが想定されています。これによりFIDO認証器に保管される秘密鍵の安全性が担保される一方、FIDO認証器を紛失または買い替えた場合には、アプリケーションごとに登録されているすべてのパスキーを再登録する手間が発生するなど、ユーザー利便性の観点での課題もありました。

「同期パスキー」の登場

このような背景から、ユーザー利便性の観点での課題解決方法として、Appleをはじめとする内蔵認証器を製造し提供する製造元では、「秘密鍵」のバックアップおよびリストアに加えて、一定の条件下において同期も可能とする「同期パスキー」をサポートするようになりました。同期パスキーは、マルチデバイス対応FIDO認証資格情報を活用し、秘密鍵をクラウド上にエクスポートして同期することでユーザーデバイス間の相互利用が可能となり、認証器の紛失時や買い替え時にもパスキーを再登録することなく、同一ユーザーの異なる端末からスムーズに認証を行うことができ、ユーザーの利便性の向上に寄与しています。

FIDOアライアンスでは、当初からのFIDO認証を「デバイス固定パスキー」、後者を「同期パスキー」としています。本章では、特に明記をしない限り、パスキーは両者を包含する概念として利用します。

◉デバイス固定パスキーと同期パスキー

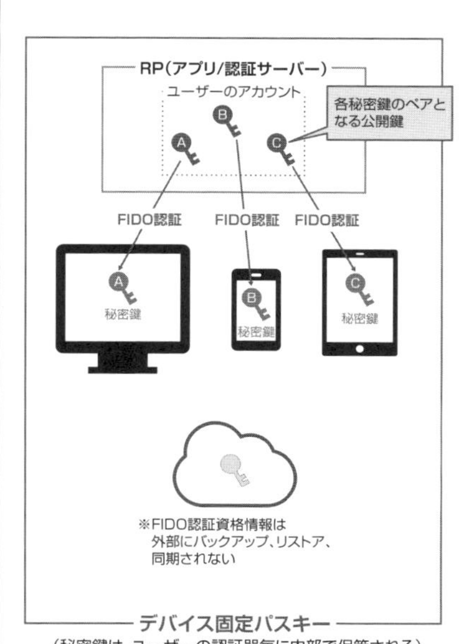

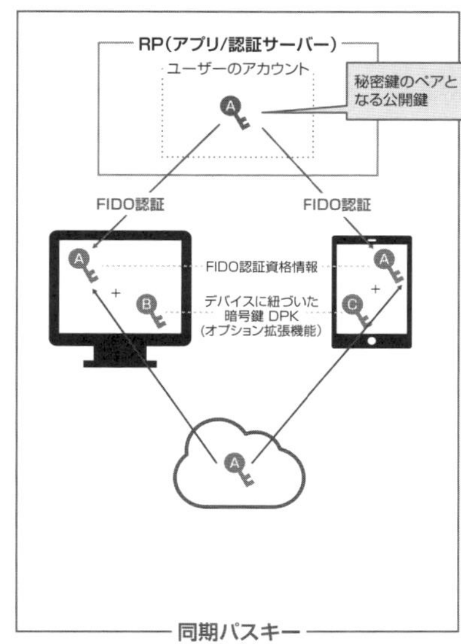

COLUMN

同期パスキーを利用する認証器の真正性を検証するための仕組み

前述の通り、同期パスキーは一定の条件下において秘密鍵を複数のデバイス間で同期し利用可能となりますが、認証器の真正性を証明するための新たな取り組みとして、Device Public Keyを付与し検証する機能が出てきています。現時点では普及率が高くないものの、今後、後述するアテステーション機能とあわせて利活用されることが期待されています。

「同期パスキー」を利用する際の考慮点

前述の通り、パスキーは当初「デバイス固定パスキー」として登場しましたが、近年では「同期パスキー」が身近な選択肢の1つに加わりました。FIDOアライアンスでは、パスワードなどによる認証と比較して、パスキーをよりシンプルで強固なセキュリティを実現する認証方式として利用を推進しています。

ただし、自身の管理下にないデバイスやアカウントで同期パスキーを利用することは望ましくありません。たとえば、企業において業務上の必要性から共有デバイスで共有アカウントを利用するケースがありますが、このように、複数のユーザーが利用するデバイス上で単一のアカウント(またはプロファイル)を共有するような場合には、同期パスキーの利用は適切ではありません。このような場合には、ハードウェアキーの「デバイス固定パスキー」が推奨されます。もしくは、ユーザーがモバイルデバイスを持ち歩く場合には、後述する「クロスデバイス認証」を使用することも可能です。

また、本章の後半で紹介するように、米国立標準技術研究所(National Institute of Standard and Technology：NIST)のガイドラインは、厳格なセキュリティ管理が求められる政府機関や企業などに対しても同期可能な認証器を利用可能な選択肢に加えたものの、便益分析とリスク分析をすることが推奨されています。便益分析とリスク分析についてはCHAPTER 04でも解説しているので、参照してください。

1
2
3
パスキーに関わる認証技術と動向
4
5
6

◉セキュリティと利便性を両立するFIDO認証
(FIDO認証の左丸内がデバイス固定パスキー、右丸内が同期パスキー)

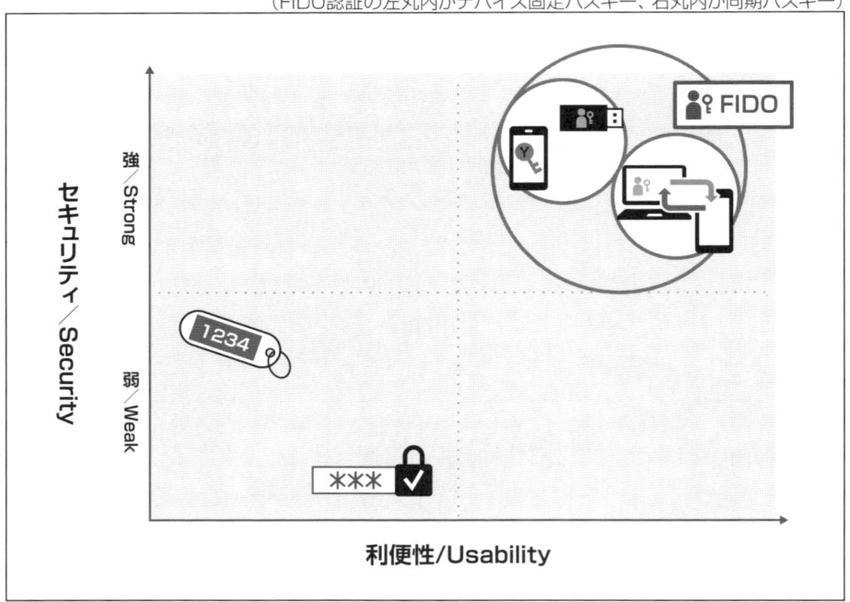

※出典：https://www.passkeycentral.org/introduction-to-passkeys/fido-authentication-specifications

FIDO認証技術用語集

ここからは、FIDOアーキテクチャを構成する主要な技術仕様であるFIDO UAF、FIDO U2F、CTAP、WebAuthnについて解説します。なお、技術仕様で避けて通れない用語（認証器、クライアント、プラットフォーム、RP、FIDOサーバー、メタデータサービスなど）があるので、FIDOアライアンスが公開している技術用語集をベースに、FIDOの文脈における用語の定義を確認していきましょう。インターネット上の記事などでは意味が異なるケースがあり、筆者自身がパスキーを学び始めたときに理解に苦労した経験から、はじめに用語について整理します。

「認証器」に関わる技術用語集

ここでは「認証器」に関わる技術用語を説明します。

◆ FIDO認証器（Authenticator）

「FIDO認証器（Authenticator）」は、単に「認証器」または「authnr」と省略される場合があります。FIDOアライアンスの要件を満たし、関連メタデータを保持する認証エンティティです。FIDO認証器は、ユーザーの本人性を検証し、後述するRP（Relying Party）の認証に必要となる暗号化マテリアル（クレデンシャル）の維持管理の機能があります。

なお、FIDO認証器の機能やユーザー体験は、該当デバイスがローミング認証器またはバウンド認証器なのか、第一要素認証器または第二要素認証器なのか、などによって大きな違いが生じる場合があります。

FIDOアライアンスでは、既存もしくは今後利用される多様なハードウェアの活用を目指しているため、FIDO認証に使用する多くのデバイスは、FIDO認証器以外の一次的または二次的な用途がある可能性があります。

デバイスが、ローカルOSにログインしたり、FIDO以外のプロトコルを利用してネットワークへログインしたりする場合など、FIDO以外の目的で使用する限りにおいては、該当のデバイスはFIDO 認証器と見なさないため、そのモードでの動作はFIDOアライアンスの定めるガイドラインや制約（セキュリティとプライバシーに関連するものを含む）の対象ではないことに留意しましょう。

◆クレデンシャル(Credential)

「クレデンシャル(Credential)」は、IDと認証情報単位との間の関連付けをポータブルに表現したデータオブジェクトです。システムにアクセスしようとするエンティティが主張するIDを検証する際に使用するために提示できます。FIDOコンテキストでは、関連付けは暗号的に検証可能です。

◆第一要素認証器(First-Factor(1stF) Authenticator)

「第一要素認証器(First-Factor(1stF) Authenticator)」は、ユーザー名と少なくとも2つの認証要素をトランザクションにて提供するFIDO認証器です。暗号キーマテリアル(ユーザーが持っているもの)に加えて、ユーザー検証(ユーザーが知っているものまたはユーザー自身であるもの)であり、単独の利用で、認証を完了することができます。

具体的には、生体認証センサーやPINコードの利用があります。物理的なボタンに触れるだけなど、ユーザーの存在のみを簡便に確認する検証方法を採用している場合や、本人検証をまったく行わない場合、該当の認証器は、第一要素認証器として機能させることはできません。

なお、この種の認証器の場合には、内部マッチャーにより、登録済みユーザーの検証を行うことが想定されています。複数のユーザーが登録されている場合には、マッチャーは適切なユーザーを識別できます。

◆第二要素認証器(Second-Factor(2ndF) Authenticator)

「第二要素認証器(Second-Factor(2ndF) Authenticator)」は、第二の認証要素としてのみ機能するFIDO認証器です。

◆キーハンドル

「キーハンドル」はFIDO認証器により生成されるキーコンテナであり、秘密鍵とオプションで他のデータ(ユーザー名など)を含みます。キーハンドルは、ラップ(認証器のみが知るキーで暗号化)してもしなくてもよいとされます。ラップしない形式の場合、ローキーハンドル(raw key handle)と呼ばれます。二要素認証器は、このキーハンドルをRPから入手する必要があります。第一要素認証器は、内部(ローミング認証器の場合)または関連するASM[1]経由(バウンド認証器の場合)のいずれかのストレージにて、独自のキーハンドルを管理します。

[1]：ASM(UAF Authenticator-Specific Module)は、UAF認証器上のソフトウェアインターフェースであり、FIDO UAFクライアントがUAF認証器の機能を検出してアクセスするための標準化された方法を提供し、FIDO UAFクライアントから内部通信の複雑さを隠します。

◆ ローミング認証器(Roaming Authenticator)

「ローミング認証器(Roaming Authenticator)」は、「外部認証器」や一般的には単に「セキュリティキー」とも呼ばれます。他のユーザーデバイスとの接続により利用できる認証器(USBセキュリティキーやU2F NFCまたはBLE経由のスマートフォン利用など)を指します。

次の方法によって、信頼関係が確立されていない異なる複数のFIDOクライアントとFIDOユーザーデバイス間を移動するように構成されています。

1 登録時に独自の内部ストレージのみを使用する。
2 API層でのアクセス制御メカニズムを使用せずに、登録されたキーを使用できるようにする(ローミング認証器により依然としてユーザー検証を行う可能性がある)。

◆ バウンド認証器(Bound Authenticator)

「バウンド認証器(Bound Authenticator)」は、「内蔵認証器」やWebAuthnでは「プラットフォーム認証器」とも呼ばれます。FIDO UAFがビルトインされた認証器(スマートフォンなど)を指します。

FIDO認証器または認証仕様モジュールASMと認証器との組み合わせで、アクセス制御メカニズムを利用して、登録済みのキーの使用を信頼できるFIDOクライアントおよび/または信頼できるFIDOユーザーデバイスに制限します。

◉認証器の種別

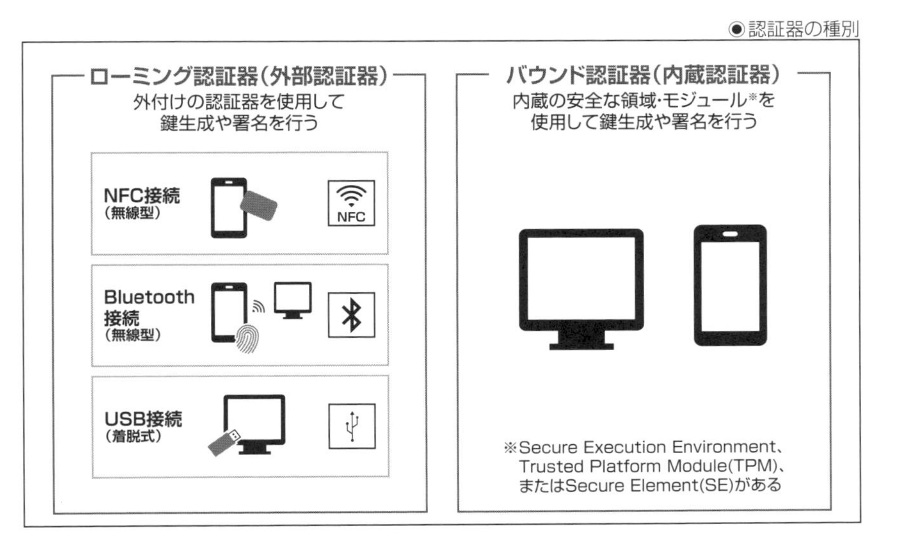

「クライアント」に関わる技術用語集

ここでは「クライアント」に関わる技術用語を説明します。

◆FIDOユーザーデバイス(FIDO User Device)

「FIDOユーザーデバイス(FIDO User Device)」はFIDOクライアントが動作するコンピューティングデバイスであり、FIDO利用開始のアクションを行います。

◆FIDOクライアント(FIDO Client)

「FIDOクライアント(FIDO Client)」は、FIDOユーザーデバイス上でUAFまたはU2Fプロトコルメッセージを処理するソフトウェアエンティティです。FIDOクライアントは、次の2つの形式のいずれかを取ります。

- ユーザーエージェント(Webブラウザまたはネイティブアプリケーション)に実装されるソフトウェアコンポーネント
- 複数のユーザーエージェントによって共有されるスタンドアロンソフトウェア(Webブラウザまたはネイティブアプリケーション)

「サービス提供者」に関わる技術用語集

ここでは「サービス提供者」に関わる技術用語を説明します。

◆FIDOサーバー(FIDO Server)

FIDOサーバー(FIDO Server)は、UAFプロトコルサーバー要件を満たすサーバーソフトウェアで、通常RP側インフラにデプロイされます。

◆RPまたは証明書利用者(Relying Party)

「RP」または「証明書利用者」(Relying Party)は、FIDOプロトコルを使用してユーザーを直接認証する(つまりピアエンティティ認証を実行する)Webサイトまたはその他のエンティティです。なお、SAMLやOIDCなどのフェデレーションID管理プロトコルで構成するFIDOの場合、IdP(IDプロバイダー)は、FIDO RPの役割をも果たします。

「認証器の信頼性」に関わる技術用語集

ここでは「認証器の信頼性」に関わる技術用語を説明します。

◆ アテステーション(Attestation)

FIDOの文脈において「アテステーション(Attestation)」とは、認証器が自己証明を行う際、それを暗号化して検証し、メタデータサービス(MDS)で検索し、暗号化して検証する方法です。

◆ アテステーション鍵(Attestation Key(AK))

「アテステーション鍵(Attestation Key(AK))」は、FIDO認証器のアテステーションに利用する鍵です。

◆ アテステーションルート証明書(Attestation Root Certificate)

「アテステーションルート証明書(Attestation Root Certificate)」は、FIDOアライアンスによって明示的に信頼されているルート証明書です。これにアテステーション証明書が連鎖(チェーン付け)されます。

◆ アテステーション証明書(Attestation Certificate)

アテステーション証明書(Attestation Certificate)は、アテステーション鍵に関わる公開鍵証明書です。

◆ 認証ポリシー(Authentication Policy)

「認証ポリシー(Authentication Policy)」は、RPからFIDOクライアントに対して、特定の認証器での操作の許可・禁止を伝達することができるJSONデータ構造です。

◆ 認証器アテステーションGUID(Authenticator Attestation GUID(AAGUID))

認証器アテステーションGUID(Authenticator Attestation GUID(AAGUID))は、認証器の登録時に提示された鍵が、検証された特性を持つ本物の認証器により生成され保管されたものであることを、RPに対して暗号化されたアサーションにて伝達するプロセスを指します。

◆ 認証器アテステーションID（Authenticator Attestation ID（AAID））

「認証器アテステーションID（Authenticator Attestation ID（AAID））」は、FIDO認証器のモデル、クラス、またはバッチに割り当てられ、すべて同じ特性を共有する一意の識別子です。RPにより、アテステーション公開鍵および認証器メタデータを検索するために使用します。

◆ 認証器メタデータ（Authenticator Metadata）

「認証器メタデータ（Authenticator Metadata）」は、AAIDに関連付けられ、FIDOアライアンスから入手できる、認定済みの認証器の特性情報です。FIDOサーバーは特定の認証器と対話できるように最新のメタデータにアクセスできる必要があります。

◆ メタデータステートメント（Metadata Statement）

「メタデータステートメント（Metadata Statement）」は、認証器ベンダーにより提供される、認証器のいくつかの特性の説明です。一部の特性は、認定ステータスに応じて検証されます。FIDO UAFサーバーは特定の認証器と対話できるように、最新のメタデータにアクセスできる必要があります。FIDOアライアンスは、メタデータサービスでメタデータステートメントを公開しています。

◆ メタデータサービス（Metadata Service（MDS））

「メタデータサービス（Metadata Service（MDS））」は、FIDO認証器のメタデータステートメントを提供するサービスです。FIDOアライアンスは、FIDOメタデータサービスにて、メタデータステートメントを公開しています。

SECTION-20

FIDO認証を構成する技術仕様と標準化

本節では、FIDO認証を構成する技術仕様である「FIDO UAFおよびFIDO U2F」および「CTAPおよびWebAuthn」を解説します。なお、アテステーションについてはこれら各技術仕様の項にも出てきますが、全貌を理解するため、改めて後半で解説します。

FIDO認証の技術仕様概要

FIDO認証を構成する標準仕様は、Web全体での認証強化と多様なデバイス、プラットフォームなどで相互利用可能にすることを目的として、FIDOアライアンスにより策定および標準団体へ提案されています。こうした標準化の恩恵を受けて、ユーザーは、一般的なデバイスを活用し、モバイルとデスクトップの両方の環境でオンラインサービスを簡単に認証できるようになりました。

FIDOアライアンスでは、2014年にFIDO UAFおよびFIDO U2Fを策定・公開し、これによりモバイルプラットフォームにおけるネイティブアプリケーションの利用におけるFIDO認証ができるようになりました。さらに、ブラウザやWebプラットフォームのビルトイン機能でのFIDO認証をできるようにすることを目的として「FIDO2プロジェクト」を結成し、CTAPおよびWebAuthnが策定されています（下図参照）。

●FIDO認証を構成する主な技術仕様

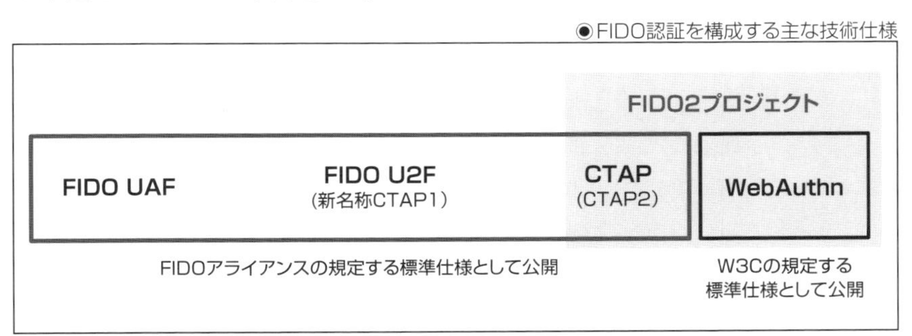

以降、各技術仕様については、FIDOアライアンスならびにWebAuthについてはW3Cが公開している技術仕様を参考に抜粋または解説しています。

- Download Authentication Specifications - FIDO Alliance
  URL https://fidoalliance.org/specifications/download/

COLUMN

CTAP1とCTAP2の違いは?

CTAPにはFIDO U2Fの新名称であるCTAP1とCTAP2が含まれ、CTAPと表現されている場合はいずれかに固有の内容ではないため区別していないと捉えてよいとされています。具体的には、CTAPプロトコル固有のエラーメッセージには、必要に応じて、CTAP1やCTAP2とプレフィクスが追加されるケースがあります。また、CTAP1に対応した認証器は、「U2F認証器」「CTAP1認証器」と称されます。

CTAP2ではパスワードレス認証が可能となっており、CTAP2に対応した認証器は、「CTAP2認証器」「FIDO2認証器」「WebAuthn認証器」と称されます。

なお、FIDO U2F認証器は、FIDO2対応ブラウザでの利用がサポートされています。ただし、CTAP2経由でCTAP1/U2F認証器をサポートするためには、事前にCTAP2要求とCTAP1/U2F要求をマッピングし、CTAP2応答とCTAP1/U2F応答をマッピングする必要があり、また、CTAP2要求に、CTAP2認証器のみが満たせるパラメータが含まれていないことが前提となります。

例としてMicrosoftアカウントではFIDO2 CTAP認証器に固有の機能が必要となっているためCTAP1(U2F)資格情報は受け入れられない制約があります。

認証器を選定する際は、このようなCTAP1/CTAP2互換性の制約などにも配慮が必要といえるでしょう。

- 参考情報

  URL https://fidoalliance.org/specs/fido-v2.0-ps-20190130/fido-client-to-authenticator-protocol-v2.0-ps-20190130.html#u2f-interoperability

「FIDO UAF」と「U2F」

FIDO UAF(User Authentication Framework)およびU2F(Universal 2nd Factor)の概要はCHAPTER 02でも紹介した通りです。UAFは、主にスマートフォン端末の利用を想定し、生体情報などの認証手段を用いた技術仕様であり、パスワードをまったく使わない認証シナリオを実現します。U2Fは、主にPC上のブラウザの利用を想定した二要素認証をサポートします。はじめにパスワードで認証をした後(第一認証)、セキュリティキーに触れるなど簡単な動作を追加で必要とする(第二認証)シナリオを実現します。USBキーやスマートカードのような着脱方式と、BLE(Bluetooth Low Energy)やNFC(Near Field Communication)などの無線方式に対応しています。

U2F/UAFは、2014年に第一版が公開され、2024年現在はオンライン決済や銀行のオンラインサービスなどで幅広く利用されています。

なお、FIDO UAFでは、中間者(Man-In-The-Middle：MITM)攻撃への対応として、金融機関では「取引認証」が導入されています。この機能では、認証器において本人性の検証時に、取引内容のデータや画面イメージも登録済みの秘密鍵を用いて署名を作成します。これにより署名付き取引データが改ざんされた場合には、署名検証で検出でき、不正送金が防止できます。また、UAF1.1から認証器の信頼性を確認するためのアテステーション機能がサポートされています。

COLUMN

FIDO U2FはSMSやOTPなどの追加認証要素より優れている?

FIDO U2Fプロトコルを使用すると、RPはエンドユーザーのセキュリティのための強力な暗号化された第二要素オプションを提供でき、RPのパスワードへの依存が軽減されます。このことから、FIDOアライアンスでは、パスワードは4桁のPINに簡素化することもできるとしています。

FIDO認証では本人性確認がローカルで検証され、その検証結果を公開暗号鍵方式で検証する仕組みであることから、FIDO U2Fは、その他のSMSやOTPなどの認証要素よりも強度が高いといえるでしょう。

◆ FIDO認証における登録スキームと認証スキーム

FIDO認証では、認証前の登録スキームと認証時に行う認証スキームが定義されています。U2Fとの主な違いは、UAFの場合はスマートフォンなどで指紋などの生体認証などの認証手段を用いて本人性の検証ができ、パスワードをまったく使わないシナリオ(パスワードレス認証)が実現できる点です。

登録および認証スキームの詳細は、後述するFIDO2技術仕様にて紹介します。

「CTAP」と「WebAuthn」

FIDO CTAPおよびWebAuthnは、FIDO2を構成する技術仕様です。

CTAPは認証器側のプロトコル仕様を、WebAuthnはWebサイト側のプロトコル仕様を定義しています(下図参照)。FIDO2は端末に内蔵された認証器(例：Windows Helloなど)および端末の外側にある外部認証器(例：iPhoneのFace ID、ハードウェアセキュリティキーなど)を利用した、パスワードレス、二段階認証、多要素認証いずれのシナリオにも対応しています。

◉FIDO2を構成する技術仕様の関連イメージ

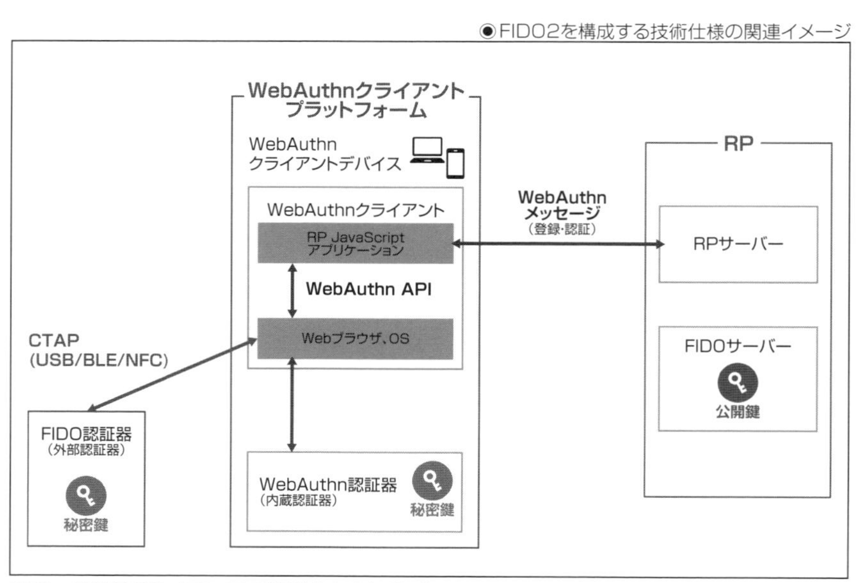

出典：FIDOアライアンスの資料をもとに作成

◆FIDO2認証における登録スキームと認証スキーム

FIDO2においても、前述したFIDO U2FおよびFIDO UAFと同様に、認証前の登録スキームと認証時に行う認証スキームが定義されています。下記に、ユーザーがPCのブラウザからアクセスをして、スマートフォン上の認証器を使うシナリオを例として、FIDO2での登録および認証スキームを紹介します。

FIDO2の登録フロー(基本アテステーション)は次の手順で行われます。

1. ユーザーは、ブラウザでRPサーバーの登録ページへのリンクをクリックまたはURLを入力する。
2. ブラウザは、指定されたアドレスへ要求する。
3. RPサーバーは、認証器の登録を開始する旨をFIDOサーバーへ伝える。
4. FIDOサーバーは、メタデータを利用してポリシーの一覧とチャレンジを作成し、RPへ応答する。
5. RPサーバーは、FIDOサーバーから受信したポリシーと合わせ、必要なセキュリティ要件を加える。
6. ブラウザにJavaScriptとチャレンジとともに送信する。
7. ブラウザが稼働するユーザーのPCと認証器(スマートフォン)間を、事前(またはこのタイミング)に、Bluetoothのペアリングなどにて初期接続を行う。RPサーバーが送信したJavaScriptによってユーザーのPCから認証器へ鍵生成要求を行い、「makeCredential()」を呼び出す。
8. 認証器に鍵生成要求が届けられ、ユーザーにジェスチャを求める。
9. ユーザーは、認証の内容を確認した上でジェスチャを入力する。
10. 認証器は、ユーザー認証の成功後、このユーザーのRP固有のFIDO認証用鍵ペア(秘密鍵と公開鍵)を作成する。また、アテステーション用秘密鍵を使い、チャレンジに対する署名を作成する。
11. 認証器は作成した公開鍵とともに署名を、RPサーバーを通じてFIDOサーバーへ送信する。
12. FIDOサーバーは、ルート認証局を通じ、アテステーション機能を用いて受信した署名を検証する。
13. FIDOサーバーは、署名の検証に成功した場合、認証用公開鍵をユーザーと紐付けて登録する。
14. FIDOサーバーは、登録完了の旨を、コンテンツとともにブラウザに提供する。

●FIDO2認証における登録フロー

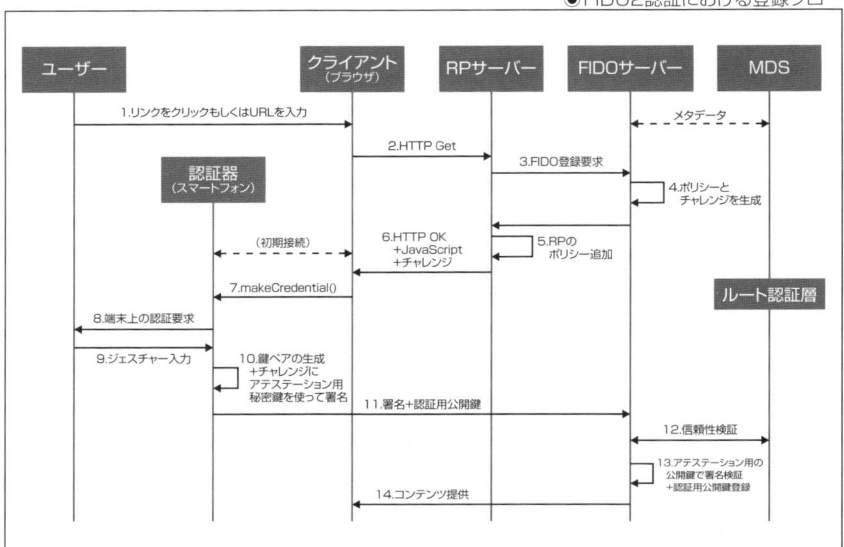

FIDO2の認証フロー(基本アテステーション)は次の手順で行われます。

1 ユーザーは、PCのブラウザでRPの登録ページへのリンクをクリックまたはURLを入力する。

2 ブラウザは、指定されたアドレスに要求する。

3 RPサーバーは、FIDO認証フローの開始をFIDOサーバーへ伝える。

4 FIDOサーバーは、自身の認証ポリシーを参照してセキュリティ要件を一覧にして作成し、チャレンジとともにRPサーバーへ伝達する。

5 RPサーバーは、FIDOサーバーから受信したポリシーと合わせ、必要なセキュリティ要件を加える。

6 RPは、ブラウザにJavaScriptおよびチャレンジなどを送信する。

7 ブラウザが稼働するユーザーのPCと認証器(スマートフォン)間を、事前(またはこのタイミング)に、Bluetoothのペアリングなどにて初期接続を行う。RPサーバーが送信したJavaScriptによってユーザーのPCから認証器へ認証アサーション要求を行い、「getAssertionl()」を呼び出す。

8 ユーザーのPCに、端末での認証要求が届けられ、ユーザーにジェスチャを求める。

9 ユーザーは、認証の内容を確認した上でジェスチャを入力する。

10 認証器は、ユーザー認証に成功後、RP固有の認証用秘密鍵を使ってチャレンジに署名する。

11 認証器は作成した署名を、RPサーバー経由でFIDOサーバーへ送信する。

12 FIDOサーバーは、認証用公開鍵を使って署名を検証する。

13 上記までの手順でエラーが手順でエラーがなかった場合、ブラウザにコンテンツを提供する。

◉FIDO2における認証フロー

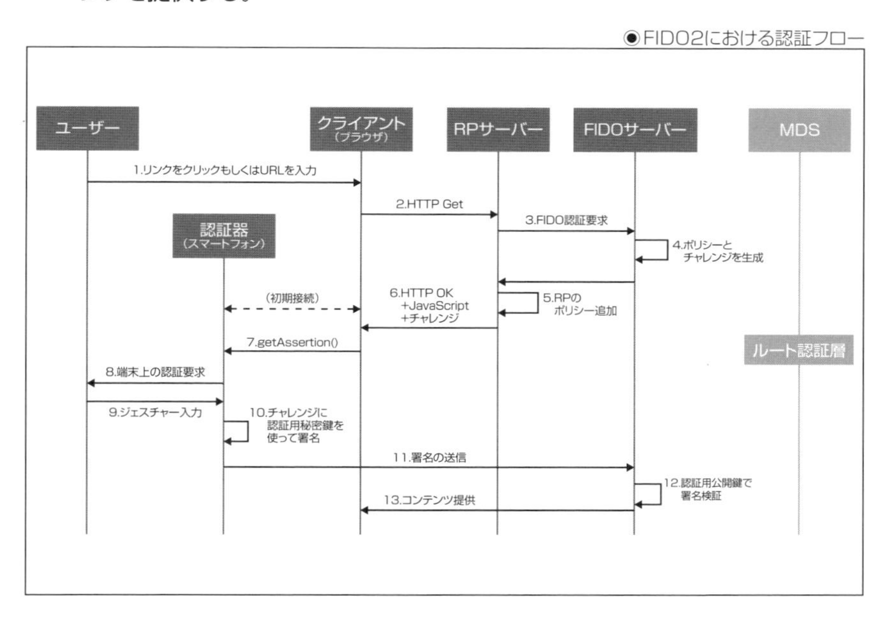

CTAP(Client To Authenticator Protocol)

CTAP(シータップ)は、FIDO2サポートのブラウザおよびOSから、外部認証器(セキュリティキー、スマートフォン、スマートウォッチなど)を追加の認証要素として利用し、パスワードレス認証を行うことを可能とする仕様です[2]。

外部認証器に対して認証処理を委ねるために、NFC(Near Field Communication)、Bluetooth、USB(Universal Serial Bus)を用いた通信プロトコルを規定しています。CTAPにより、認証器を持たない端末でもWebAuthnを利用できるようになりました。また、FIDO2以前のFIDO U2Fデバイス(例:U2F対応のハードウェアセキュリティキーなど)の利用にも対応しています。

[2]:FIDOアライアンス「Client to Authenticator Protocol(CTAP)Proposed Standard, Jun21, 2022」(https://fidoalliance.org/specs/fido-v2.1-ps-20210615/fido-client-to-authenticator-protocol-v2.1-ps-errata-20220621.html)

1
2
3
パスキーに関わる認証技術と動向
4
5
6

◆クロスデバイス認証

クロスデバイスフローを使用すると、ユーザーは1つ目のデバイス(PCなど)でサービスへの認証フローを開始し、セッションを転送して2つ目のデバイス(スマートフォンなど)でセッションを続行することができます。クロスデバイス認証は、このフローを利用して、サービスを利用するクライアントプラットフォームとサービス利用のために必要な認証・認可の手続きを行う認証器を分離可能にします。クライアントプラットフォームのブラウザ上で動作するアプリケーションで認証が必要となった場合、ユーザーの手元にあるスマートフォンでCTAPを用いてローカル認証し、認証結果をWebブラウザのアプリケーションに送付できます。

これにより、生体認証が使えないデスクトップPCなどのデバイスでもFIDO認証によるサービスが利用できます。また、Windows PCとiPhoneなど、異なるプラットフォーム間では同期パスキーが提供されませんが、その場合においても、異なるプラットフォーム間においても、プラットフォームごとに登録を行わなくてもFIDO認証を行うことができます。極端な話ですが、第三者のデバイス(PC)を借りた場合でも、ユーザーは自身の保有するスマートフォンなどで本人性の検証を集約でき、秘密鍵を持ち出すことなく、安全に認証を行うことができます。

クロスデバイスフローを実現するための標準仕様はCTAP以外にも複数ありますが、「CTAP v2.2[3]」(2023年3月発行、2024年10月執筆時はレビュードラフト)では、クロスデバイスフローを実現するための標準仕様として、hybrid transportを追加しています。下図が使用イメージで、QRコードにはトンネル確立のための公開鍵・秘密鍵・トンネル情報が含まれ、Bluetooth Low Energy(BLE)にて安全に認証器とペアリングして利用可能となります。

[3]：https://fidoalliance.org/specs/fido-v2.2-rd-20230321/fido-client-to-authenticator-protocol-v2.2-rd-20230321.html#hybrid-qr-initiated

◉クロスデバイス認証の使用イメージ(CTAPv2.2 Hybrid transport / QR-initiated)

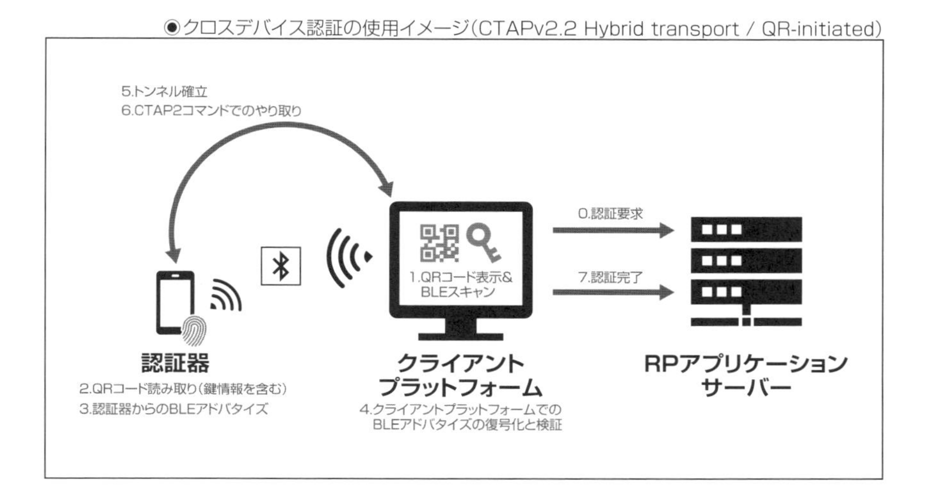

◆ 認証器API(認証器の操作を行うAPI)

認証器、クライアントプラットフォーム[4]、RP間のプロトコルの大まかな流れは次のようになります。

1. 開始要求：アプリケーション登録・認証の場合は、RPが「navigator.credentials.create()」または「navigator.credentials.get()」や同等APIをコールする。資格情報の管理、PINの確立／保守、生体認証の登録などの場合は、クライアントプラットフォームが開始する。
2. 認証器との接続を確立：クライアントプラットフォームはRPによって渡された基準と、認証器を選択するために必要なその他の情報を使用します。
3. 認証器の機能を判断：クライアントプラットフォームは「authenti-cationatorGetInfo」コマンドを使用して認証器に関する情報を取得し、認証器の機能を判断する。
4. 認証器APIコマンドを呼び出し：クライアントプラットフォームはRPアプリまたはクライアントプラットフォーム自体が開始した操作(手順1)やそのオプション、および認証器の機能に応じて、追加の認証器APIを呼び出す。

[4]：WebAuthnではクライアントデバイスとクライアントを包含してクライアントプラットフォームを構成するものとして定義しており、CTAPでも単にクライアントではなく、クライアント・プラットフォームと称しています。なお、クライアントは単一のハードウェアデバイスは、異なるオペレーティングシステムやクライアントを実行することにより、異なる時点で複数の異なるクライアントプラットフォームの一部となる場合があります。

●主な認証器API

API	主な用途
authenticatorMakeCredential (0x01)	ホストによって呼び出され、認証器に新しい資格情報の生成を要求する
authenticatorGetAssertion(0x02)	ホストがユーザー認証の暗号化された証明および特定の取引に対するユーザーの同意を要求するために使用される。この際、事前に生成済みの認証器とRP IDを紐付ける認証情報が使用される
authenticatorGetNextAssertion (0x08)	指定されたauthenticatorGetAssertion要求の次の資格情報ごとの署名を取得するために使用される
authenticatorGetInfo(0x04)	プラットフォームは、認証システムに対して、サポートされているプロトコルバージョンと拡張機能、AAGUID、およびその他の全体的な機能の側面のリストを報告するように要求できる
authenticatorClientPIN(0x06)	PIN/UV認証プロトコル(別名pinUvAuthProtocol)により、PINが認証システムに送信されたときに暗号化され、後続のコマンドを認証するpinUvAuthTokenと交換される
authenticatorReset(0x07)	クライアントが認証器を工場出荷時のデフォルト状態にリセットするために使用される
authenticatorBioEnrollment(0x09)	プラットフォームが認証器のバイオ登録をプロビジョニング/列挙/削除するために使用される
authenticatorCredentialManagement (0x0A)	プラットフォームが認証器のバイオ登録をプロビジョニング・列挙・削除するために使用される
authenticatorSelection(0x0B)	プラットフォームはユーザーの存在を確認して、ユーザーが特定の認証器を選択できるようにする
authenticatorLargeBlobs(0x0C)	プラットフォームは認証情報に関連付けられた大量の情報をキーで保護して保存できる
authenticatorConfig(0x0D)	サブコマンドを使用してさまざまな認証機能を設定するために使用される

出典：https://fidoalliance.org/specs/fido-v2.1-rd-20210309/
fido-client-to-authenticator-protocol-v2.1-rd-20210309.html
#authenticator-api

◆CTAPでのエンタープライズアテステーション利用について

企業(エンタープライズ)は何らかの組織形態であり、多くの場合はデバイス(PCや認証器など)を管理しています。この場合、企業が管理する認証器を一意に識別し制御する必要性がある場合があります。

このようなニーズに対応することを目的としてCTAP2.2からは、エンタープライズアテステーション機能を実装可能としています。また、エンタープライズアテステーション対応の認証器を調達するために、認証器を利用する企業(エンタープライズ)と、認証器製造元とが直接協力することが期待されています。エンタープライズアテステーションに対応した認証器は、次のいずれか、または両方をサポートすることができます。

●認証器製造元が支援するエンタープライズアテステーション

認証器製造元が支援するエンタープライズアテステーション(Vendor-facilitated Enterprise Attestation)は、EAモード1とも呼ばれます。認証器製造元は、企業からの要求に応じて、エンタープライズアテステーションの要求を許可されているRPの更新不可能なRP IDリストを認証器に事前設定します。

●プラットフォーム管理型エンタープライズアテステーション

プラットフォーム管理型エンタープライズアテステーション(Platform-managed Enterprise Attestation)は、EAモード2とも呼ばれます。企業が管理するプラットフォーム/ブラウザは、たとえばローカルポシリー検索を通じて、どのRPがエンタープライズアテステーションを要求できるかを知っています。

◆メッセージエンコーディング

Bluetooth Smartなどの多くの通信手段では、帯域幅が制限されており、JSONなどのフォーマットはそのような環境には重すぎます。このため、認証器とやり取りをするためのすべてのエンコーディングは簡潔なバイナリエンコーディングであるRFC 8949 - Concise Binary Object Representation(CBOR)を使用して行われます。CTAP2正規CBORエンコード形式を使用することで、複雑なメッセージや、その解析と検証に必要なリソースを削減することができます。

◆通信手段(USB、NFC、Bluetooth)ごとの関連付け

認証器とブラウザ/OS間のやり取りが安全であることを保証するために、CTAPの指定する条件を満たすUSB、NFC、BLEを介して、認証器は下記を行うものとします。

- 観察または変更可能なすべての状態(検出可能な資格情報、署名カウンター、PINなど)が、FIDOが定義した通信手段上の他のインターフェースを介して観察または変更できないことを確認する。
- 作成されたすべての検出不可能な資格情報が、FIDOが定義した通信手段上の他のインターフェースを介して有効でないことを確認する(たとえば、検出不可能な資格情報が認証器グローバルシークレットによって保護された資格情報IDに状態を保存する場合、そのシークレットはFIDOインターフェースを介して受信したリクエストに対してのみ使用する必要がある)。

WebAuthn

WebAuthn(ウェブオースン)は、CTAPとともにFIDO2を構成する技術仕様です。2015年にFIDOアライアンスのメンバー企業が正式な標準化を求めてFIDO仕様を策定し、Web技術の標準化を推進する団体である「World Wide Web Consortium(W3C)」に提出後、W3Cの中でAPIを完成させ、2019年3月にW3Cのウェブ標準として正式に認定されました。これにより、ネイティブアプリケーションだけではなく、多くのWebベースのアプリケーションでも幅広くFIDO認証でのログインが可能となりました。

◆WebAuthnの仕組みと役割

WebAuthnは、Webアプリケーションにおいて強力なユーザー認証を行うことを目的として、堅牢かつ範囲指定(スコープ)された公開鍵ベースの資格情報の生成と利用を可能にするAPIの仕様を定義しています。また、WebAuthは、Web認証APIに加えて、WebAuthn RPサーバーおよび認証器からの暗号化された要求と応答の通信プロトコルの仕様も定義しています。

概念的には、それぞれが特定の WebAuthn Relying Partyをスコープとする1つ以上の公開鍵情報が、Webアプリケーションの要求に応じて認証システムによって作成され、認証システムにバインドされます。ユーザーのプライバシー保護のため、ユーザーエージェントが認証器と公開鍵資格情報へのアクセスを仲介します。認証器は、ユーザーの同意なしに操作が実行されないようにする責任があります。認証器は、アテステーションを通じて、RPに対して暗号化された証明を提供します。また、WebAuthn仕様では、WebAuthn 準拠の認証器の機能モデル(署名と構成証明の機能を含む)についても説明しています。

Web認証APIでは、RPからのリクエスト(要求)には、チャレンジおよび他のインプット情報が含まれ、認証器に送信されます。要求は、HTTPS、RP Webアプリケーション、WebAuthn APIおよびユーザーエージェントと認証器間のプラットフォーム固有の通信チャネルの組み合わせを介して伝達されます。認証器は、デジタル署名された認証データメッセージ(authenticator data message)と他のアウトプット情報を構成し、同じ通信経路を介してRPに返送されます。RPによって呼び出される認証操作により、利用されるプロトコルの詳細が異なります。

なお、WebAuthn技術仕様においても前述のFIDO認証と同様に、認証を行うための事前の登録フローと、認証フローがあります。

◉Web認証APIにおける登録フロー

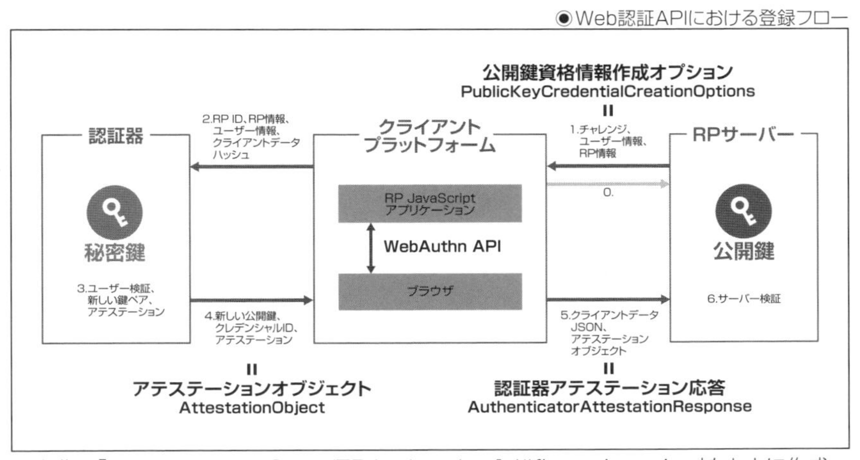

※出典：「https://www.w3.org/TR/webauthn-1/#fig-registration」をもとに作成

◉Web認証APIにおける認証フロー

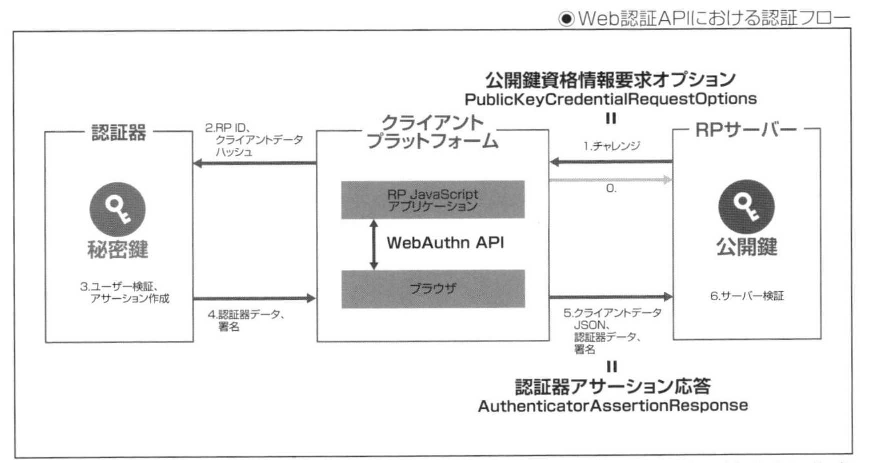

※出典：「https://www.w3.org/TR/webauthn-2/#fig-authentication」をもとに作成

このように、Web認証APIを規格化することで、ユーザーのブラウザはJavaScript言語でFIDO認証器を呼び出し、認証サーバーと通信のやり取りができます。

WebAuthn対応でFIDO認証の利用率が向上

すでにFIDO認証に対応している場合においても、WebAuthn対応によりユーザーエクスペリエンスがよくなりFIDO認証の利用率向上に寄与する事例として、ドコモ社の事例があります。ドコモ社では、ドコモから販売する携帯の場合は、FIDO認証に対応する専用アプリケーションをプリインストールして販売していましたが、他の販売経路で入手されたユーザーデバイスの場合には、使用者自身で専用アプリケーションをインストールする必要があり、FIDO認証を利用するための追加の手間が発生していました。そのため、ドコモ社では2023年4月にWebAuthnに対応し、標準ブラウザやドコモ社開発の標準SDK利用アプリにおいてFIDO認証に対応したところ、約6カ月後にはFIDO認証の利用率が18%から37%まで、約2倍向上したと公表しています。

このように、WebAuthn対応により、ブラウザのアプリケーションにおいても、ユーザーが使いやすいインタフェースでのFIDO認証をサポートすることで、セキュリティの強化とユーザー利便性の向上を両立という目的を効果的に果たすことができるといえます。

◆登録時の要求（リクエスト）情報

認証サーバーでユーザー登録する際には、まず認証サーバーから登録リクエストが送信され、ブラウザでユーザー情報を付加し、ブラウザから認証器へ本人確認をリクエストします。ブラウザから認証器へリクエストする際に送信するリクエスト情報のサンプルとリクエスト情報に含まれるパラメータは下記になります。

●登録時にブラウザから認証器へ送信されるリクエスト情報のサンプル

```
{
    "rp": {
        "id": "localhost",
        "name": "GoodBye Password Server"
    },
    "user": {
        "id": "XXXXX"
        "name": "sample",
```

```
        "displayName": "sample"
    },
    "challenge": "XXXXX"
    "pubKeyCredParams": [
        {
            "type": "public-key",
            "alg": -257
        },
        {
            "type": "public-key",
            "alg": -7
        }
    ],
    "authenticatorSelection": {
        "requireResidentKey": true
    },
    "attestation": "direct",
    "extensions": {
        "credProps": true
    }
}
```

◉登録時にブラウザから認証器へ送信されるリクエスト情報のパラメータ

パラメータ	説明
rp	認証サーバーの情報
id	認証サーバーを識別するID
name	認証サーバー名
user	登録を行うユーザーの情報
id	登録を行うユーザーを識別するID
name	登録を行うユーザーの名称
displayName	ユーザーの表示名称
challenge	認証サーバーが生成するランダムは文字列
pubKeyCredparams	認証サーバーがサポートするアルゴリズム
type	public-key固定
alg	認証サーバーがサポートするアルゴリズム
authenticatorSlection	認証サーバーが認証器に求める要件
requireResidentKey	認証器のセキュリティキー内にユーザー情報を記録するオプション
attestation	認証サーバーでのattestation受け取り方法 パラメータ値は「direct」「indirect」「none」から選択 ・direct：認証サーバーは認証器で生成されたattestationをそのまま受け取る ・indirect：認証サーバーはattestationを受け取るが、Webアプリケーションで編集されていても受け取る ・none：attestaionは不要
extensions	Webアプリケーション、認証器に追加の処理を要求する場合に使う拡張領域

◆ 登録時の応答(レスポンス)情報(階層のレベル4)

認証器は、本人確認のための生体情報による認証を実施後、リクエスト情報に対して必要な情報をレスポンス情報としてブラウザへ送信します。認証器からブラウザへレスポンスする際に送信するレスポンス情報のサンプルとリクエスト情報に含まれるパラメータは下記になります(内蔵認証器で生体認証を利用する場合)。

◉ 登録時に認証器からブラウザへ送信されるレスポンス情報の例

```
{
    "authenticatorAttachment": "platform"
    "id": "XXXXX"
    "rawId": "XXXXX"
    "response":
        {
            "attestationObject": "XXXXX)""
            "clientDataJSON": "XXXXX"
        } ,
    "type": "public-key"
}
```

◉ 登録時にブラウザから認証器へ送信されるリクエスト情報のパラメータ

パラメータ	説明
authenticatorAattachment	接続している認証器の種別 ・platform : ビルトインの認証器 ・cross-platform : 外部接続の認証器
id	rawIdをbase64urlエンコードしたもの
rawId	公開鍵を特定するID
response	
attestationObject	認証器の情報(aaguid)、ユーザーの公開鍵、認証サーバーの情報、チャレンジを認証器で作成した作成した秘密鍵で署名したもの
clientDataJSON	認証サーバーの情報をBaxe64エンコードしたもの
type	「"public-key"」で固定

◆ WebAuthnにおけるアテステーション

WebAuthn の文脈では、アテステーションは、認証器と認証器が生成したデータの出自を証明するために利用されます。例として、資格情報ID(Credential ID)、資格情報鍵ペア、署名カウンターなどが含まれます。アテステーションは、登録フローにてアテステーションオブジェクトとして伝達されます。クライアントがアテステーションステートメントとアテステーションオブジェクトのAAGUID部分をRPに伝達するかどうか、またはどのように伝達するかは、アテステーションステートメントにより記述されます。

他方で、アテステーションを利用するかはRPが資格情報を生成するプロセスで、下記のように優先を定義することができます。

◉アテステーションの優先定義例

```
Enum AttestationConveyancePreference{
    "none",
    "indirect",
    "direct"
};
```

`"none"` はデフォルト値で、RPが認証器のアテステーションに関心がないことを意味します。

`"indirect"` の場合、RPが検証可能なアテステーションステートメントを生成する認証伝達を望むことを示しますが、クライアントが、そのアテステーションステートメントを取得する方法を決定できます。クライアントは、ユーザーのプライバシー保護のため、またはその他のアテステーションを必要とする複数のRPをサポートするために、認証器が生成したアテステーションステートメントを匿名化して置き換えることができます。

`"direct"` は、RPが認証器にて生成するアテステーションを必要とすることを意味します。

- 参考

URL https://www.w3.org/TR/webauthn-1/#アテステーション-conveyance

◆ 認証時のリクエスト情報

Web認証での認証時には、まずブラウザから認証サーバーへ認証リクエストが送信されます。認証リクエストを受け取った認証サーバーはチャレンジと呼ばれる文字列を生成し、サーバー情報と合わせてブラウザに送信します。ブラウザは認証サーバーから受け取った情報を認証器に送信し、本人確認をリクエストしますが、認証器に送信するリクエスト情報のサンプルとリクエスト情報に含まれるパラメータは下記になります。

◉認証時にブラウザから認証器へ送信されるリクエスト情報サンプル

```
{
    "challenge": "XXXXX"
    "rpId": "localhost",
    "userVerification": "required",
    "extensions": {}
}
```

◉登録時にブラウザから認証器へ送信されるリクエスト情報のパラメータ

パラメータ	説明
challenge	認証サーバーが生成するランダムな文字列
rpId	認証サーバーを識別するID
userVerification	ユーザー認証の要求 ・required：必須 ・preferred：任意 ・discouraged：不要
extensions	Webアプリケーション、認証器への追加処理がある場合の拡張領域

◆認証時のレスポンス情報

認証器は、本人確認のための生体情報による認証を実施後、認証器で生成した秘密鍵で署名した署名情報とユーザー情報をブラウザに送信します。認証器からブラウザへレスポンスする際に送信するレスポンス情報のサンプルとリクエスト情報に含まれるパラメータは下記になります。

◉認証時に認証器からブラウザへ送信されるレスポンス情報サンプル

```
{
    "id": "XXXXX",
    "rawId": "XXXXX",
    "response": {
        "credentialId": "XXXXX",
        "clientDataJSON": "XXXXX",
        "authenticatorData": "XXXXX",
        "signature": "XXXXX",
        "userHandler": "XXXXX"
    },
    "type": "publick-key"
}
```

◉認証時に認証器からブラウザへ送信されるレスポンス情報のパラメータ

パラメータ		説明
id		rawIdをbase64urlエンコードしたもの
rawId		公開鍵を特定するID
response		
	credentialId	認証器自体が持つID
	clientData	認証サーバーの情報などをBase64エンコードしたもの
	authenticatorData	認証器の情報
	signature	Assertion Object(認証サーバーの情報とチャレンジを認証器で生成した秘密鍵で署名したもの)
	userHandler	認証器が生成したユーザー識別子
type		「"public-key"」で固定

COLUMN

RPサーバー側の実装にはライブラリが使用できる

WebAuthの仕様は標準化されているとはいえ複雑で、また変更の可能性があります。開発効率、運用容易性、コンプライアンス遵守などの観点で、積極的にメンテナンスされているライブラリの最新バージョンの使用はメリットが大きいといえるでしょう。

FIDO認証におけるアテステーション

アテステーションの概要については冒頭の技術用語集にて解説し、UAFやFIDO2認証の登録・認証フローにある通り、アテステーションの主たる目的は信頼できる認証器の登録処理です。

登録処理では、アテステーション用秘密鍵で署名を作成し、FIDOサーバーはペアとなる公開鍵で検証をします。一方で、認証処理では、認証用秘密鍵により署名生成と検証が行われます。このように、信頼できる認証器のみを登録するプロセスとすることで、一度登録した認証器での認証時には信頼の検証を必要としないためアテステーション処理が省略されます。

◆アテステーションの種別

アテステーションには大きく次の種類があります。

●セルフアテステーション(自己構成証明)

アテステーションステートメントは、ユーザーのパスキーにより署名されます。これにより、アテステーションステートメントの整合性が保護されますが、その他の保証は提供されません。

● ベーシックアテステーション（基本アテステーション）

アテステーションステートメントは、認証器の製造元により作成され、認証器に埋め込まれたアテステーション鍵により署名されます。これにより、アテステーションステートメントの整合性が保護され、認証器の製造元の証明が提供されます。プライバシー保護のため、この鍵は、個別の認証器に特有ではなく、同じ認証器モデルの多く（FIDOアライアンスの要件では10万台を超えるデバイス）で共通とする必要があります。

● アテステーションCA（AttCA）または匿名化CA（AnonCA）

基本アテステーションと似ていますが、アテステーションステートメントがTPMアテステーション鍵により署名される点が異なります。TPMとは、暗号化操作を行い、秘密を安全に保管するハードウェアベースのモジュールであり、TPM自身が認証器を管理する信頼できる機関により署名されたアテステーション鍵の証明書を持ちます。

● エンタープライズアテステーション

FIDOでは原則として、個別の認証器に一位の識別情報を提供することを明確に禁止し、認証器がAAGUIDを使用した製品情報とそのタイプおよび機能に関する上位レベルの情報のみを提供することを許可しています。ただし、エンタープライズアテステーションの場合は例外であり、認証器に一意の鍵ペアをシリアル番号または同等の一意の識別子にバインドします。

◆ 認証器とアテステーション

一般的にローミング認証器ではベーシックアテステーション、バウンド認証器ではアテステーションCA／匿名化CAが利用されます。

ローミング認証器では、製造元が認証器モデル用のアテステーション鍵ペアを生成します。製造元は、アテステーション鍵の公開鍵を使用して証明書を作成し、アテステーション鍵証明書は通常、メタデータサービス（MDS）に格納されます。これにより、AAGUIDが提供された場合、RPは信頼できるソースであるMDSからアテステーション鍵証明書を取得できます。アテステーション鍵証明書自体は通常、認証器の製造元の発行者キーにより署名されます。これにより、認証器から製造元までの検証可能な暗号化チェーンが作成されます。

バウンド認証器は、製造元からの出荷時にアテステーション鍵を保持しない代わりに、バウンド認証器内の永続キーを使って、アテステーションサービスにより認証器のプロパティをアサートするアテステーションオブジェクトに署名するために使用するアテステーション鍵を作成します。RPは、ローミング認証器の製造元を信頼するのと同じように、バウンド認証器の整合性とコンプライアンスを保証するアテステーションサービスを信頼する必要があります。

◆ 認証器メタデータの登録フロー

登録認証器メタデータは、下記により登録されます。

1. 認証器ベンダーは、認証器の特性を記述したUTF-8エンコードのメタデータステートメントを作成する。
2. メタデータステートメントは、FIDO認定プロセスの一環としてFIDOアライアンスに提出される。FIDOアライアンスは、メタデータを配布する。
3. FIDO RPは、登録を許可する認証器の特性を、登録ポリシーにて構成する。
4. FIDOサーバーは登録チャレンジメッセージを送信する際、このポリシーステートメントを含めることができる。
5. 使用されているFIDOプロトコルに応じて、RPアプリケーションまたはFIDO UAFクライアントのいずれかが、チャレンジメッセージの一部としてポリシーステートメントを受信して処理する。ポリシーに合致する認証器を、ユーザーの入力により選択して登録する。
6. クライアントは登録応答メッセージを作成してサーバーに送信する。このメッセージには、認証器モデルおよびオプションにて認証器のアテステーション証明書の公開鍵に対応する秘密鍵を使った署名を含む。
7. FIDOサーバーは、特定の認証器モデルのメタデータステートメントを検索する。メタデータステートメントにアテステーション証明書がリストされている場合には、アテステーション証明書が存在しており、署名に利用された秘密鍵が「メタデータステートメントにリストされた証明書の1つ」もしくは「認証器のメタデータステートメントにリストされた発行者証明書に連鎖する1つの証明書内の公開鍵」のいずれかに対応するものであることを確認する。
8. 次に、FIDOサーバーは、メタデータステートメントにある登録ポリシーを満たしている認証器かを、確認する。これにより、予期しない認証器モデルの登録を防止する。

9 オプションとして、FIDOサーバーはRPからのインプットにより、メタベースに基づいて認証器リスク・信頼スコアを割り当てることができる。

10 オプションとして、FIDOサーバーは、証明された認証器モデルを、サードパーティにより公開された他のメタデータデータベースを活用して相互参照することもできる。このようなサードパーティのメタデータは、たとえば、認証器が特定の市場または業界分野に関連する認定を取得しているかどうか、またはアプリケーション固有の規制要件を満たしているかどうかをFIDOサーバーに通知する場合がある。

◆ アテステーションの適用範囲について(まとめ)

FIDOアテステーションの適応は、RPの希望に応じて自由にアテステーションレベルを設定し要求することができます。アテステーションの利用により、認証器の真正性を検証できるため、サプライチェーン攻撃、偽造認証器の利用、置き換え攻撃などの脅威に対する防御になります。

FIDO認証では、原則として個別の認証器を識別可能としないことでユーザーのプライバシーに配慮しながらも、各RPに一意の鍵ペアを生成することで認証時のセキュリティ強化を図る仕組みとなっています。例外的に、高価値資産を持つ企業や機関の場合などエンタープライズ固有のニーズにも積極的に対応して管理性と追跡可能性を優先する場合もあります。脅威インシデント発生時には、特定の認証器に関する動きを追跡して異常や脅威の原因を発見する必要がある場合があり、また、リスクの高いユーザーの場合には、企業が専用の認証器を割り当て、ユーザーのデバイスを識別する必要がある場合があります。

このように、FIDO認証では、原則としてユーザーのプライバシーに配慮しながらも、認証に求められるセキュリティレベルに応じて、アテステーションを行うかどうか、また行う場合に登録可能とする認証器の条件を指定することができるなど、RPのニーズに応じたカスタマイズ性の高い機能となっています。

なお、同期パスキーにおけるアテステーションの利用やRPでのアテステーションの普及率の低さなどもあることについては、企業での利用を検討する際には念頭に置いて検討するのがよいといえます。

SECTION-21

FIDO技術仕様の標準化

アプリケーション開発者は認証器との通信を個別に考慮する必要はなくWebAuthnを活用してアプリケーション開発に集中でき、認証器を製造するメーカーはアプリケーションとの通信を個別に考慮する必要がなくCTAPやUAFを活用して認証器の開発・販売に専念することができます。

FIDO認定(Certification)について

FIDO認証で適合するべき仕様は、WebAuthnクライアント、認証器、RPサーバーなど各ロールにて定義されていることを説明してきました。異種混合のサービス事業者や製造元の環境となることがほとんどだと考えられるので、FIDO仕様に準拠する製品やサービス間の相互接続性を確保するためにも、仕様への適合性を確認することは非常に重要です。そのため、FIDOアライアンスでは、これらの各ロールの使用への適合性と相互接続性を検証する機能認定(Functional Certification)の試験を実施し、合格すると、FIDO Certifiedロゴを交付しています。

認証器は、秘密鍵の保管、署名の実行、生体などの称号情報の保管と照合を行うため、高いセキュリティが求められます。そのため認証器については、Functional Certificationに加えて、認証器認定(Authenticator Certification)を開始しています。現在、認証器認定では、レベル1とレベル2が使用されており、数字が大きいほどより高度なセキュリティを提供できる認証器であることを示しています。今後、よりレベルの高い認証器認定も提供する見込みとなっています。

FIDO認定プログラムは、利用者であるエンドユーザー、導入組織、ベンダーのすべての当事者にとって利益があると考えられます。認証器ベンダーは、対象製品のセキュリティ特性を証明することで、差別化を図ることができ、また、導入組織や利用者であるエンドユーザーは、認証器の購入時の条件としてFIDO認定であることを確認することで、セキュリティリスクを低減することができます。

FIDO認定製品のリストは、FIDOアライアンスのホームページにて確認することができます。

- FIDO認証 - FIDO Alliance
  URL https://fidoalliance.org/certification/fido-certified-products/?lang=ja

FIDO認定(Certification)の認証器について

現在、多くの製品が認証器としてFIDO認定を受けていますが、認証器がサポートしている仕様の種類(UAFかU2Fか)、情報保護の方式、PC/携帯デバイスとの接続方式、ローカル認証の方式、拡張機能への対応など、さまざまな特性があります。

そのため、サービス提供者が、セキュリティポリシーやサービスポリシーに沿って、登録や認証時に認証器を選択するポリシーの仕組みが標準化されています。具体的には、受け入れ可能な認証器や認証方式(指紋など)を規定したり、受け入れを拒否する認証器の条件を指定したりすることができます。

企業におけるパスキーの位置付け

ここまでパスキーの技術要素や技術仕様について説明してきましたが、ここからは政府機関や企業など高いセキュリティ基準が求められるにおけるパスキーの利用について、NIST(National Institute of Standards and Technology)ガイドラインに基づき、最新の動向をご紹介します。

NISTでのパスキーのガイドラインと補足資料

NISTでは、デジタルIDに関する技術要件を定義したガイドラインとして、次の4つの特別出版物(Special Publication)を発行しています。

◉NIST Special Publication 800-63(2017年発行)

ドキュメント	タイトル名
SP 800-63-3	Digital Identity Guidelines(デジタルIDガイドライン)
SP 800-63A	Enrollment and Identity Proofing登録とID検証(登録とID証明)
SP 800-63B	Authentication and Lifecycle Management(認証とライフサイクル管理)
SP 800-63C	Federation and Assertions(フェデレーションとアサーション)

PDFは下記からダウンロード可能です。

URL https://pages.nist.gov/800-63-3/

NISTでは、新しい技術や脅威の台頭に伴い、公開済みのSpecial Publicationの技術要件などを速やかに調整・更新するため、The Supplement(補足文書)を発行しています。

前述のNIST800-63Bでは、秘密鍵の複製は許可されない規定となっていたため、同期パスキーおよび同期可能な認証器の利用は認められていませんでした。そのため、NISTの基準に準拠するためには、新しい認証器(ドングルなど)を購入するなどの対応が必要でした。

一方で、高まるフィッシング脅威への対応と、認証器の紛失や買い替えに伴うアカウント復旧問題を解決する必要性があり、一律に禁止していた秘密鍵の複製の要件を見直し、すでに多くのコンシューマーが持っているデバイスである同期可能な認証器を、一定の条件下で利用可能な選択肢の1つとして加えることとなりました。

このような背景と目的により、The Supplement「Incorporating Syncable Authenticators Into NIST SP 800-63B」が2024年4月に発行され即日有効となりました。

◉NIST Special Publication 800-63B Sup1(2024年4月発行、即日有効)

ドキュメント	タイトル名
NIST SP 800-63Bsup1	Incorporating Syncable Authenticators Into NIST SP 800-63B (NIST SP800-63Bへの同期可能な認証器の包含について)

PDF版は下記からダウンロード可能です。

URL https://nvlpubs.nist.gov/nistpubs/SpecialPublications/NIST.SP.800-63Bsup1.pdf

なお、現在公開されているNIST SP 800-63改訂4(第2回公開草案)は前述のThe Supplementの内容を統合しており、2024年8月21日から同年10月7日までパブリックコメントを受け付けており、今後パブリックコメントなどを踏まえて、更新・発行される見込みとなっています。

NIST SP 800-63 Digital Identity Guidelines改訂4(第2回公開草案)は下記からPDFダウンロード可能です。

URL https://pages.nist.gov/800-63-4/

NISTにおける「同期パスキー」の位置付け

NISTにおける「同期パスキー」の位置付けは次の通りです。

◆NISTにおける「同期パスキー」の定義

はじめに、NISTでは同期パスキーという表現を用いていません。秘密鍵のクローニング、秘密鍵を同期できる「同期可能な認証器(Syncable Authenticators)[5]」、秘密鍵の同期などに利用する「同期ファブリック(Sync Fabric)[6]」に区別して、利用条件などを定めています。

[5]：同期可能な認証器(Syncable Authenticators)とは、ソフトウェアまたはハードウェアの暗号化された認証器のうち、認証鍵を複製して他のストレージにエクスポートしてそれらの鍵を他の認証器(デバイスなど)と同期できるものを指します。

[6]：同期ファブリック(Sync Fabric)とは、同期可能な認証器により作成された認証鍵を、保管・転送・管理するために利用されるユーザーのローカルデバイス以外のサービス(オンプレ、クラウドベース、またはハイブリッド)を指します。

◆ NISTが一定条件下でAAL2適合とする「同期可能な認証器」

NISTでは、組織がデジタル通信における適切なセキュリティレベルを決定し、認証プロセスの強度と信頼をカテゴリーに分けてAAL1、AAL2、AAL3に分類しています(各AALの概要はCHAPTER 02参照)。

NIST SP800-63-3では、秘密鍵を複製してエクスポートすることは一律に不可としていましたが、前述のThe Supplementで定める基準に従って利用する場合には、AAL2にて利用することを可能とした点が大きな特徴となっています。ただし、依然としてAAL3が最もセキュリティレベルが高く、同期可能な認証器はAAL3に該当しない点に注意が必要です。

各AALにて許可されている認証器や利用条件の詳細は、下記参照ください。

- NIST Special Publication 800-63B
  URL https://pages.nist.gov/800-63-3/sp800-63b.html#sec4

AAL2にて同期可能な認証器をサポートするための基本要件(一部抜粋)は次の通りです。

- 同期可能な認証器は、ローカル認証にてローカル保存の鍵をロック解除するか、ローカル認証機能がない場合には別の認証器と併用する必要がある。
- すべての鍵は許可された暗号化方式により生成される必要がある。
- デバイスから複製またはエクスポートされた秘密鍵は、暗号化された形式で保管される必要がある。
- すべての認証トランザクションは、デバイス上で生成された暗号鍵または同期ファブリックから復旧した暗号鍵を用いて、ローカルのデバイス上で行われる必要がある。
- クラウドベースのアカウントに保存されている秘密鍵は、認証されたユーザーのみが同期ファブリック内の秘密鍵にアクセスできるように、アクセス制御メカニズムによって保護される必要がある。
- 同期ファブリック内の秘密鍵へのユーザーアクセスは、AAL2同等の多要素認証により保護し、同期鍵を使用した認証プロトコルの整合性を維持する必要がある。
- アテステーションは、広範な一般向けのアプリケーションでは利用してはいけない[7]。

[7]:アテステーションの利用については、現行サポートされていないことが多い現状を踏まえて利用不可としていたが、より緩和した要件に変更を予定しています。

前述に加えて、政府機関には下記の追加要件(一部抜粋)があります。

- 政府機関の秘密鍵は、FISMA(Federal Information Security Modernization Act)要件適合または同等の同期ファブリックに保管される必要がある。
- 政府機関の秘密鍵を生成、保存、同期する認証器としてのデバイスは、未承認のデバイスや同期ファブリックへの鍵の同期を防ぐために、MDMまたは他のデバイス構成管理により保護されなくてはならない。
- 同期ファブリックへのアクセスは政府機関による管理アカウントを利用し、秘密鍵のライフサイクル管理ができるようにしなくてはならない。
- 秘密鍵を生成する認証器は、認証器の機能と情報源を検証するアテステーション機能をサポートすることが推奨される。

上記の要件はFIPS(Federal Information Processing Standard)140[8]を含むその他のAAL2要件に追加されるものとして位置付けられています。

◆ 実装要件

同期可能な認証器は、WebAuthnの仕様に基づき製造されている場合、下記の仕様がサポートされます。ただし、すべての同期可能な認証器が連邦企業に求められる要件を満たすわけではないため、導入にあたり注意が必要です。

◉NIST Special Publication 800-63B Sup1(2024年4月発行、即日有効)

仕様	内容
User Present(UP)	検証者は、UPフラグがセットされていることを確認する必要がある
User Verified(UV)	検証者は、UVフラグが優先されることを示し、またそのUVフラグの値を確認するためにレスポンスを検査する必要がある。ユーザーの検証ができない場合には、政府機関は、認証器を単一認証として扱う必要がある
Backup Eligible	検証者は、同期可能な認証器の仕様を制限するポリシーとする場合に、このフラグを利用することができる
Backup State	検証者は、他のデバイスに同期された認証器の利用を制限したい場合、このフラグを使用できる。公開アプリケーションの場合、このフラグに基づいて受け入れを条件付けるべきではない。企業アプリケーションの場合、このフラグは同期可能な認証器の利用を制限するために使用することができる

◆ 同期可能な認証器の共有リスクは?

企業アプリケーションの場合は、アカウントおよびデバイスの管理により、共有を防止する手段があると考えられます。その上で、どのAALの認証器であっても、ユーザー間の共有が可能であることは認識しておく必要があります。

[8]:FIPS140は、暗号モジュールのセキュリティ要件に関する規格です。

一方で、同期可能な認証器は、他のAAL2認証器(SMSやOTP)と比較しても、フィッシング耐性が高く、復旧が容易で、普及させやすく、高い利便性があることも理解しておく必要があります。

◆ アテステーション機能は利用条件・企業に応じて必須ではない(AAL2の場合)

アテステーションは、同期可能な認証器の出自とセキュリティ機能の情報を得ることができる価値があります。そのため、政府機関内部向けアプリケーションにおいては、アテステーション機能を利用すべきとする一方で一般向けのアプリケーションでは必須としていません。むしろ一般向けのアプリケーションにおいては、同期可能な認証器を他のAAL2認証器(SMSやOTP)よりも推奨して、アテステーションが一部利用できないリスクを各企業にて評価の上、補完的な制御(認証要素の追加など)を行うことも可能としています。

NISTにおけるFIDO認証と同期パスキーの位置付け(まとめ)

ここまで、NISTのガイドラインでのFIDO認証および「同期可能な認証器」の利用について説明してきました。要点をまとめると下記のようになります。

- FIDO認証は、公開鍵暗号方式をベースとしておりAAL3に対応する。ただし、AAL3では依然として秘密鍵のエクスポートを禁止しているため、同期パスキーはAAL3に該当しない。
- 「同期可能な認証器」は一定の条件を満たす場合に限り、AAL2対応の認証器としての選択肢となるが、AAL3を代替するものではない。また、「同期可能な認証器」の利用は、他のAAL2認証器よりも推奨される。
- 一般向けのAAL2アプリケーションを利用する場合には「同期可能な認証器」の利用が他の認証器よりも推奨されると同時に、アテステーション利用が限定的であることに考慮が必要としている。
- 政府機関内部向けアプリケーションにおいては、認証器が共有されるリスクなどを認識し、MDMなどのデバイス管理と組み合わせるなどの追加の必須要件と、アテステーション機能利用の推奨要件がある。
- 各企業において、セキュリティモデルに応じたリスク評価を行い、脅威と利便性の分析を行った上で、適切な認証手段を決定する必要がある。

SECTION-23

本章のまとめ

本章では、FIDO認証の技術仕様や標準化を説明し、企業などにおけるパスキーの導入・利用に関する考慮事項とNISTが発行するガイドラインでの位置付けなどについて、幅広くご紹介してきました。

FIDO認証によりフィッシング耐性や中間者(MITM)攻撃など、従来のセキュリティ脅威への抜本的な解決が可能となる一方で、同期パスキーの登場により秘密鍵の信頼性を高める機能への対応が求められるなど、引き続きユーザー利便性とセキュリティを向上の両立を目指してさらなる発展と普及が期待される状況といえるでしょう。

CHAPTER 04 パスキーの導入

本章の概要

パスキーを導入することでユーザーのセキュリティレベルが高まり、情報漏えいやフィッシングなどに対する耐性が向上しますが、パスキーの導入を検討し始めている企業も多いのではないでしょうか。前章では、パスキーの概念やアーキテクチャについて記載してきましたが、本章では実環境において、パスキーを利用するまでの導入方法を紹介します。パスキーを導入するまでに必要な事前準備や注意点、検討事項を説明します。

SECTION-24

パスキーの設定方法

CHAPTER 02の「身近にあるパスキー」でも実際のパスキーを利用する画面を通して紹介しましたが、本章では実際にデバイスでパスキーを利用するまでに必要な設定や使用方法を紹介します。本章にある画像は、主にApple MacBook、iPhoneで設定した際の画面をキャプチャしたものとなります。

◉パスキー設定の流れ

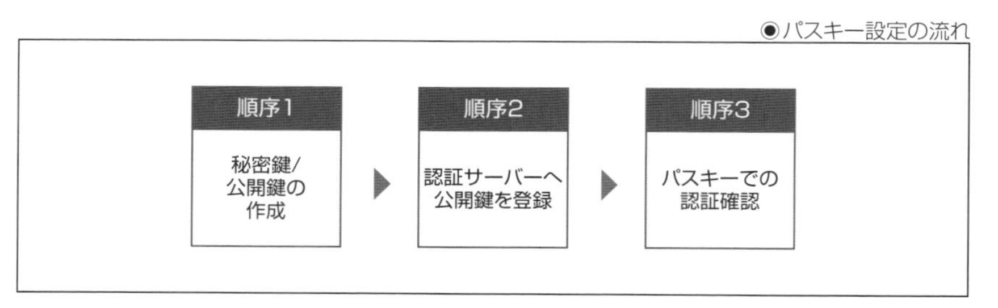

パスキーの事前設定

実際にパスキーを認証で利用できるようにするためには、Webアプリケーションを介して認証サーバーに公開鍵を登録する必要があります。パスキーを利用した際の秘密鍵と公開鍵を利用した認証フローについては、前章までに説明した通りとなりますが、本章では実際の設定手順について、設定画面を通して説明します。

現在パスキーは普及期のため、サポートするサイトは増加している状況で、パスキーを利用できる代表的なサイトとしてはYahoo! JAPANやAmazonなどがありますが、ここではGitHubでの事前設定方法を紹介します。

GitHubを知っている方も多いと思いますが、GitHubはソフトウェア開発のプラットフォームとして広く使われている、米国のGitHub社が提供しているWebサービスです。GitHubではプログラムコードの保管、変更、バージョン管理などが行え、開発者同士がプログラムコードを共有するために利用することもあります。

◆認証サーバーに公開鍵を登録する流れ

認証サーバーに公開鍵を登録する一般的な流れは次のようになります。

1. ブラウザ(Webアプリケーション)から認証サーバーに登録リクエストを送信する。

2 認証サーバーはチャレンジと呼ばれる文字列を生成し、サーバー情報とともにブラウザ(Webアプリケーション)に送信する。

3 2の情報にユーザー情報を付加して、ブラウザ(WebAuthn API)から認証器(デバイス)に本人確認をリクエストする。

4 認証器での本人確認を実施する。

5 本人確認完了後、公開鍵と秘密鍵のペアを作成、デバイスに保存する。

6 ユーザー情報からユーザーIDを採番し、ユーザーIDと3で受け取ったサーバー情報を紐付けてデバイスに保存する。

7 attestationObject[1]を生成する

8 7で生成したattestationObject、6で採番したユーザーID、5で作成した公開鍵をブラウザ(WebAuthn API)に送信する。

9 ブラウザ(Webアプリケーション)は8で受け取った情報を認証サーバーに送信する。

10 認証サーバーは受け取った公開鍵でattestationObjectを復号し、署名検証を実施する。2で生成したチャレンジと復号したattestationObjectに含まれるチャレンジが同一か確認する。同一の場合、1の登録リクエストを送信した本人であることの確認を完了する(本人認証の完了)。

11 本人認証の完了後、ユーザーIDとユーザーの公開鍵、認証器の情報をDBに保存する。

12 登録完了のレスポンスをブラウザ(Webアプリケーション)へ送信する。

◉公開鍵の事前登録フロー

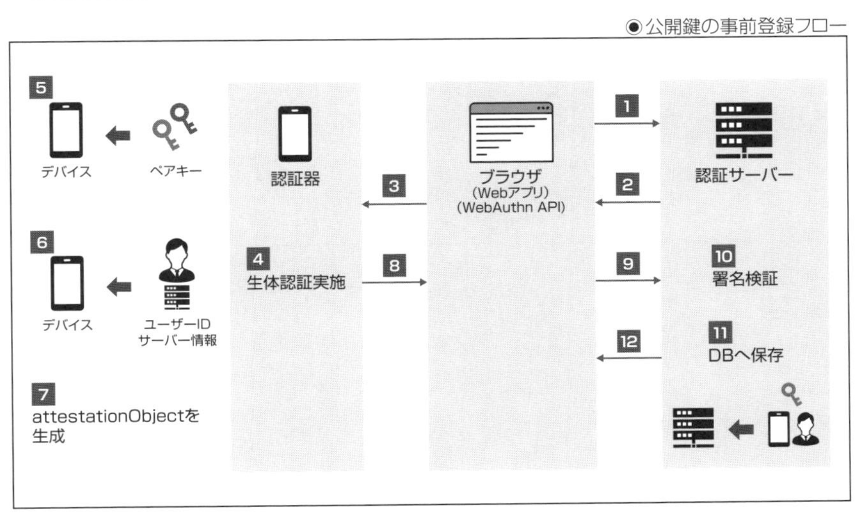

[1]:認証器の情報(aaguid)、ユーザーの公開鍵、認証サーバーの情報、チャレンジを5の秘密鍵で署名(暗号化)したもの。

◆ GitHubでのパスキー登録方法

まずはGitHubのサイトにアクセスし、emailでサインインします（事前にアカウント登録が必要です）。

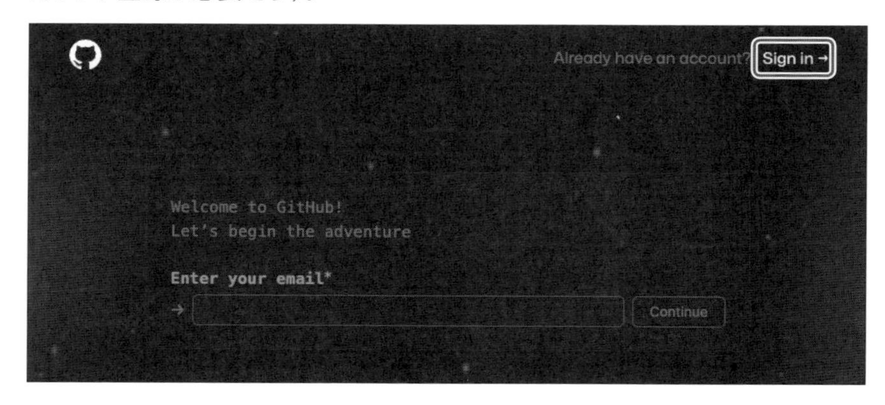

GitHubのダッシュボードの右上隅にある「自分のプロフィール写真」をクリックし、メニューを表示させます。

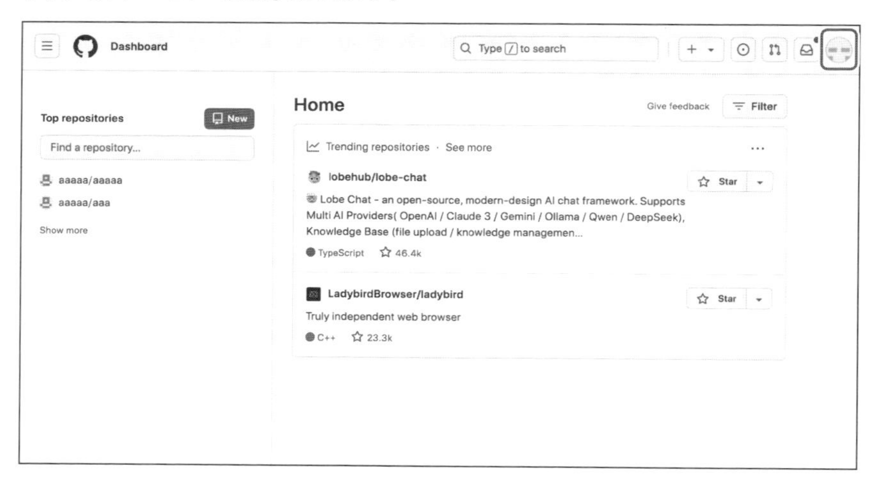

メニューにある「Settings」をクリックします。

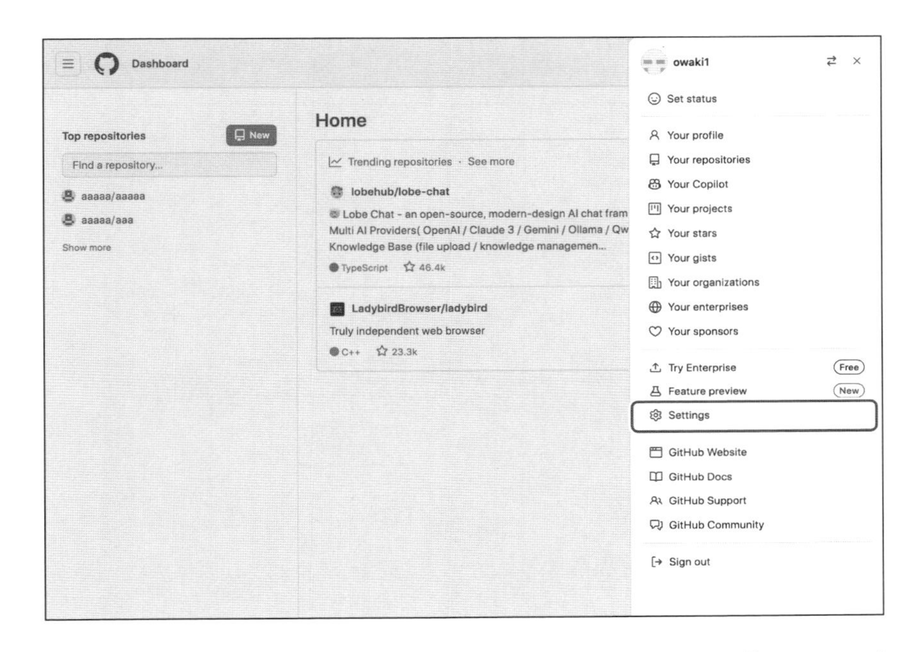

Settingsの画面が表示されるので、左側のメニューにある「Password and authentication」をクリックします。

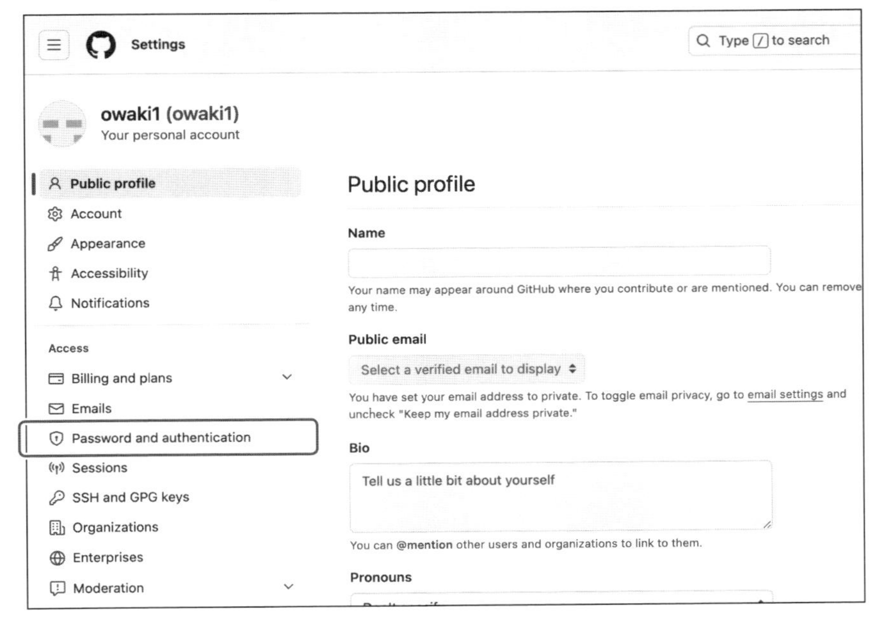

右側にPasskeysという項目があるので、「Add a passkey」をクリックします。

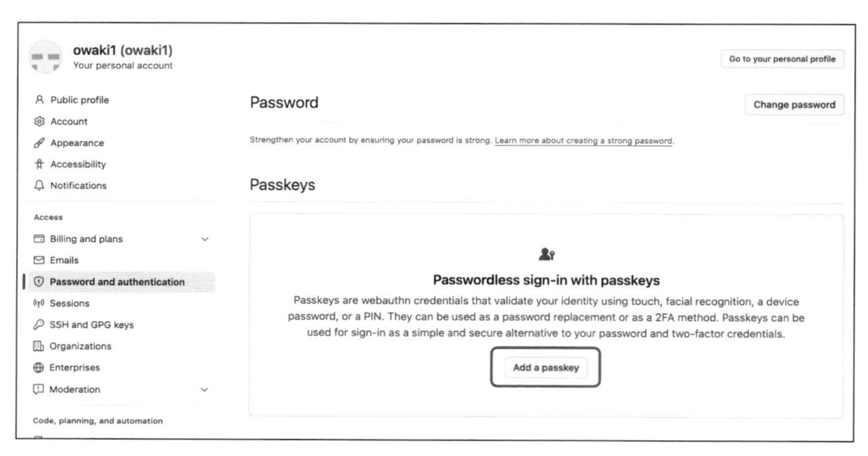

パスワードレス認証を構成する画面に遷移します。「Add passkey」をクリックします。

パスキーを作成するために選択可能な候補がリストされます。ここでは、認証器を使用した方法を説明します。「スマートフォン、タブレット、またはセキュリティキーを…」をクリックします。

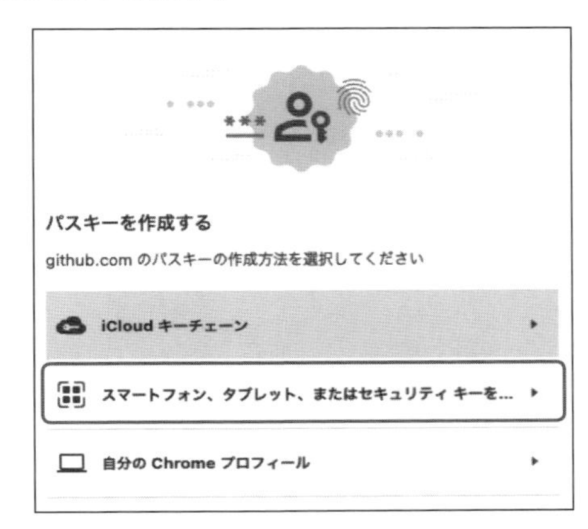

次にパスキーを作成するためにポップアップが表示されるので、認証器を端末に挿入して、指示通りにUBSセキュリティキーの金属部分をタップします。

今回利用した認証器は、Swissbit社のiShield Key製品を利用しましたが、Swissbit社以外の製品についても事前設定の手順は同様となります。Swissbit社の製品紹介は後述します。

●Swissbit社の認証器

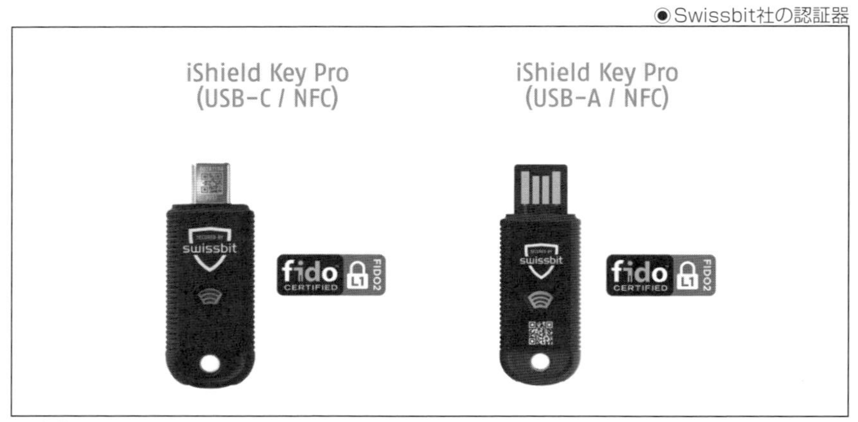

※出典：https://www.swissbit.com/ja/products/ishield-key/

認証器で事前にPINを設定している場合はPINの入力画面が表示されるのでPINを入力し、「次へ」ボタンをクリックします。

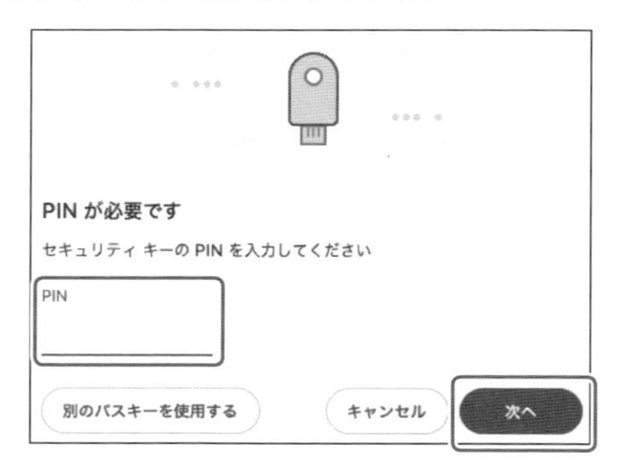

以上でパスキーの事前設定が完了です。

設定が完了すると、登録したメールアドレスに登録完了を通知するメールが届きます。

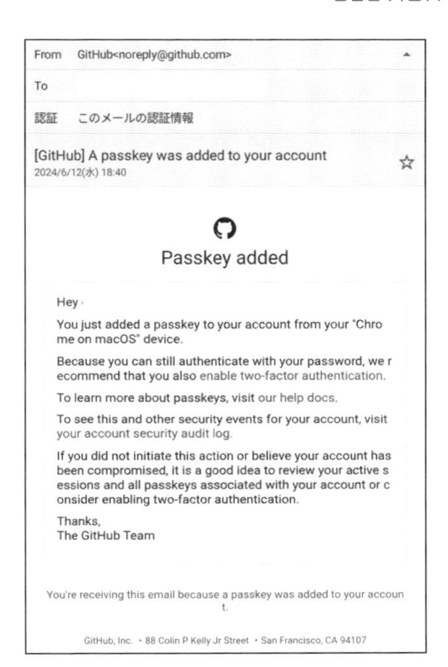

From GitHub<noreply@github.com>

To

認証 このメールの認証情報

[GitHub] A passkey was added to your account
2024/6/12(水) 18:40

Passkey added

Hey ,

You just added a passkey to your account from your "Chro me on macOS" device.

Because you can still authenticate with your password, we r ecommend that you also enable two-factor authentication.

To learn more about passkeys, visit our help docs.

To see this and other security events for your account, visit your account security audit log.

If you did not initiate this action or believe your account has been compromised, it is a good idea to review your active s essions and all passkeys associated with your account or c onsider enabling two-factor authentication.

Thanks,
The GitHub Team

You're receiving this email because a passkey was added to your accoun t.

GitHub, Inc. ・88 Colin P Kelly Jr Street ・San Francisco, CA 94107

なお、パスキーの設定を削除した場合は、削除完了を通知するメールが届きます。

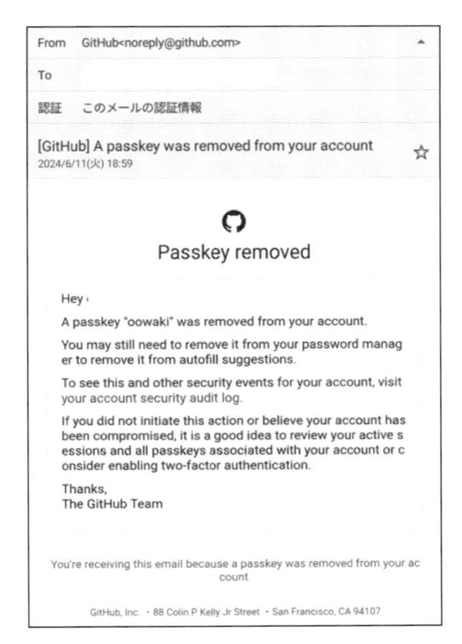

From GitHub<noreply@github.com>

To

認証 このメールの認証情報

[GitHub] A passkey was removed from your account
2024/6/11(火) 18:59

Passkey removed

Hey ,

A passkey "oowaki" was removed from your account.

You may still need to remove it from your password manag er to remove it from autofill suggestions.

To see this and other security events for your account, visit your account security audit log.

If you did not initiate this action or believe your account has been compromised, it is a good idea to review your active s essions and all passkeys associated with your account or c onsider enabling two-factor authentication.

Thanks,
The GitHub Team

You're receiving this email because a passkey was removed from your ac count.

GitHub, Inc. ・88 Colin P Kelly Jr Street ・San Francisco, CA 94107

Windows端末のWindows Helloでの事前設定

Windows端末では、認証器でのパスキー利用をWindows Helloで行えますが、ここではWindows Helloのみで行うパスキーの事前設定を紹介します。

パスキーをサポートするWebサイトもしくは、アプリケーションを開き、アカウント設定からパスキーを作成します。

パスキーを保存する場所を選択する画面が表示されるので、「このWindowsデバイス」を選択すると、パスキーはWindows端末に保存され、Windows Hello(生体認証とPIN)によって保護されます。

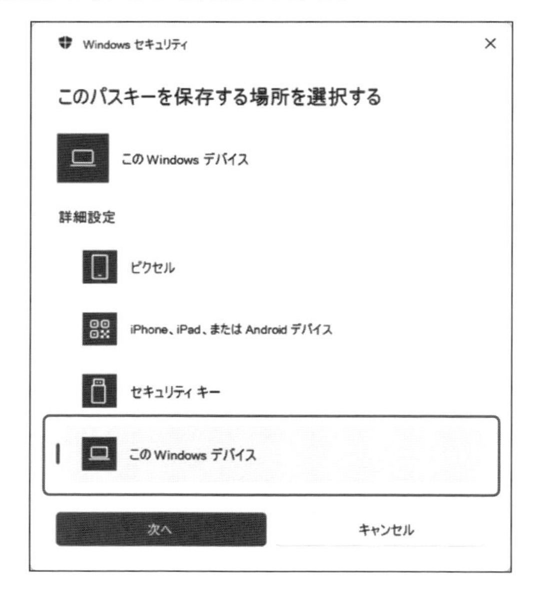

Windows Hello検証方法を選択し、検証に進み、設定を続けてよいか確認の画面が表示されるので、「OK」ボタンをクリックします。

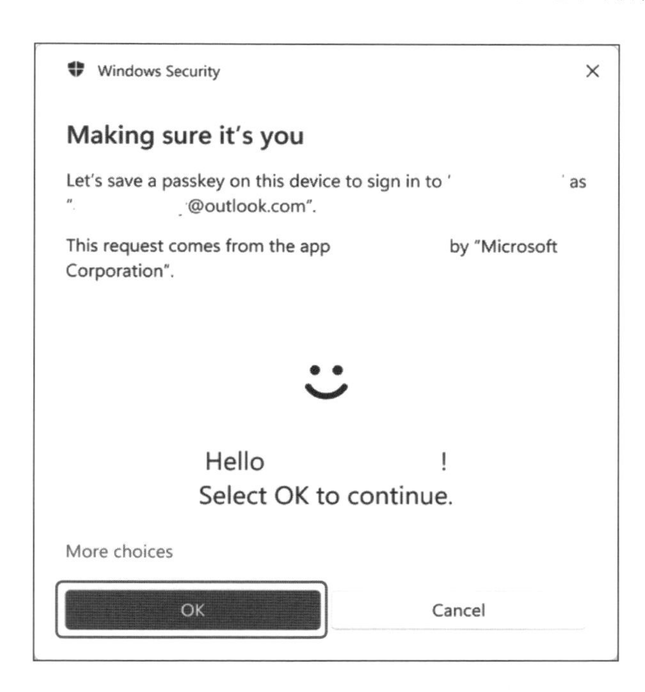

パスキーがWindows端末に保存されたことを伝える画面が表示され、設定が完了します。

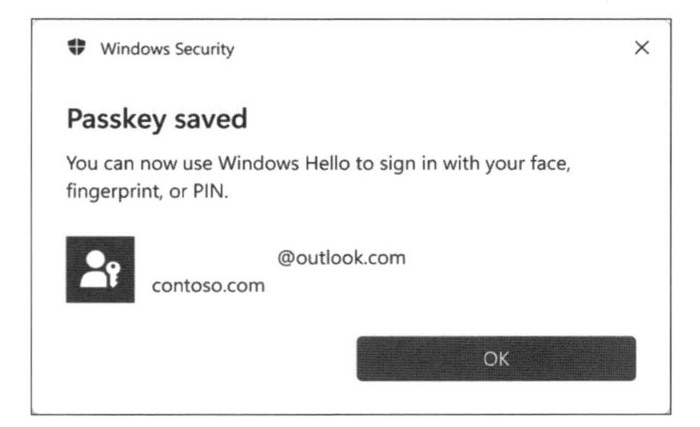

iOS端末での事前設定

続いて、iOS端末による事前設定方法を紹介します。iOS端末では認証器での設定ではなく、Touch IDによる生体認証での事前設定となります。

GitHubのサイトにアクセスし、emailでサインインします（事前にアカウント登録が必要です）。

次に、画面右上にある「自分のプロフィール写真」をタップし、メニューを表示させせます。

メニューにある「Settings」をタップします。

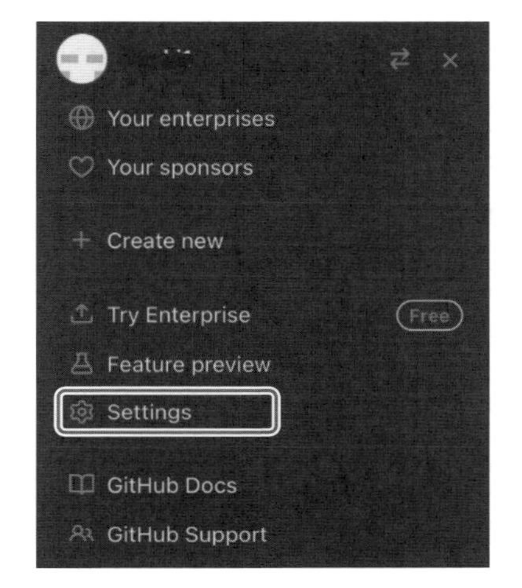

「Access」にある「Password and authentication」をタップします。

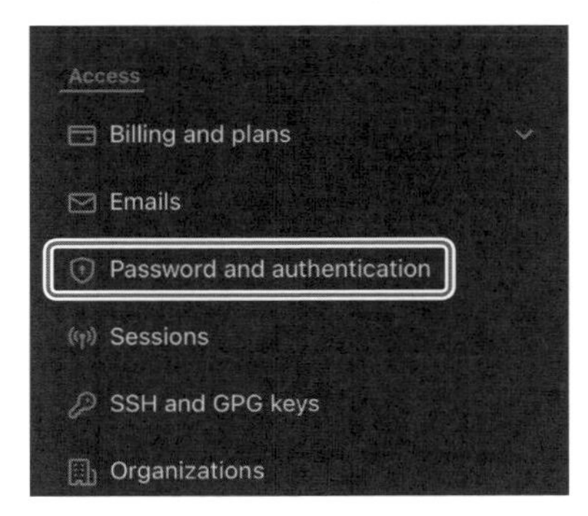

下にスクロールしていくと「Passkeys」という項目があるので、「Add a passkey」をタップします。

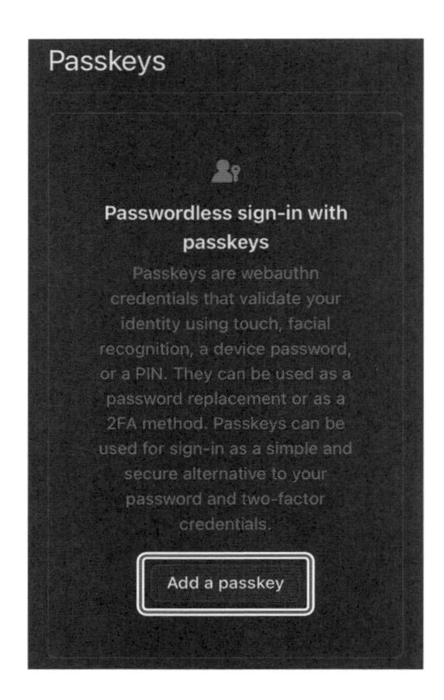

パスワードレス認証を構成する画面に遷移します。「Add passkey」ボタンをタップします。

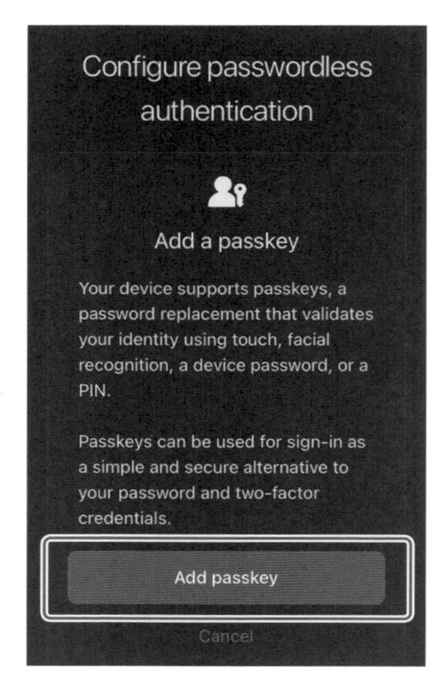

パスキーを登録する際の認証を行います。iOS端末にあるTouch IDなどの生体認証を使用します。または、その他の認証方法で登録作業を行う場合は、サインイン画面の「その他のオプション」をタップします。「その他のオプション」については後述します。

Touch IDで認証し、完了するとパスキーの登録が成功した画面が表示されます。登録したパスキーごとにニックネームを付けられるので、複数登録した場合に見分けられるようにニックネームを入力し、「Done」ボタンをタップします。

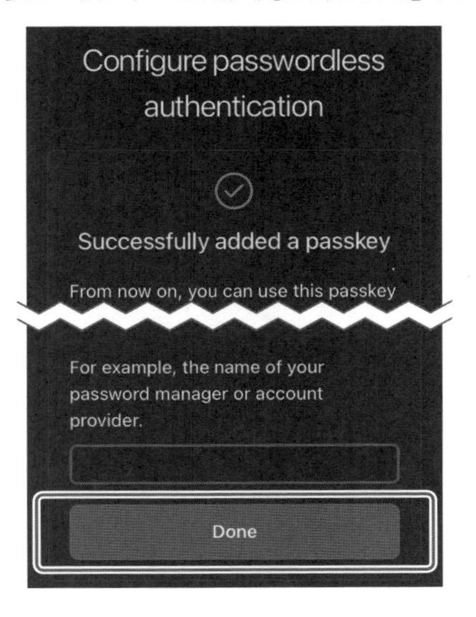

パスキーが追加されていることを確認し、登録完了です。

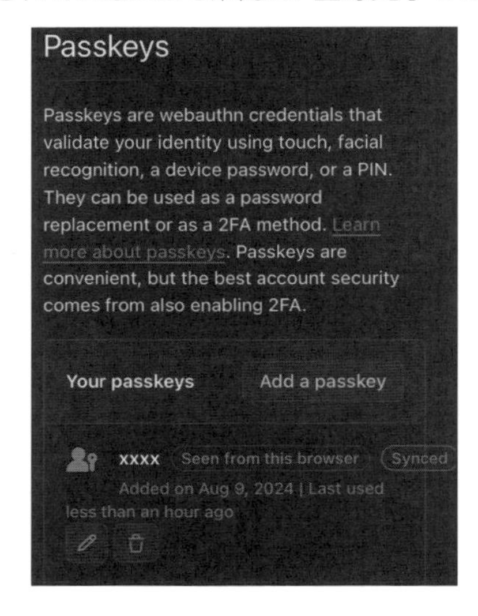

◆「その他のオプション」を選択した場合

先ほど、パスキー登録時の認証で、Touch IDでなく、「その他のオプション」を選択した場合についての説明をします。

サインイン画面の「その他のオプション」をタップします。

認証で利用できる候補が表示されます。iOS端末以外のデバイスで認証を行うことができるため、ここではAndroidデバイスで認証を行った際の設定を行います。「iPhone、iPad、またはAndroidデバイス」を選択し「続ける」をタップします。

QRコードが表示されるので、Android端末でAuthenticator(Microsoft AuthenticatorやGoogle Authenticatorなど)を起動し、QRコードを読み込むと、Android端末で登録されている生体情報などでの認証を求められるので、認証を行います。

Android端末で認証が完了すると、それに連動してiOS端末でパスキー登録完了の画面に遷移します。複数登録した場合に見分けられるようにニックネームを入力し、「Done」ボタンをタップします。

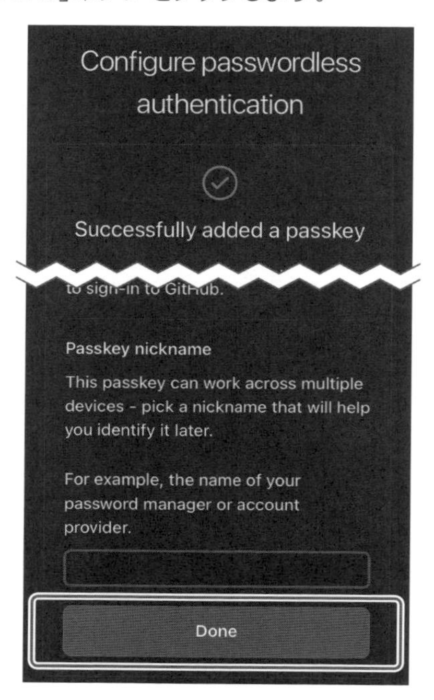

パスキーが追加されていることを確認し、登録完了です。

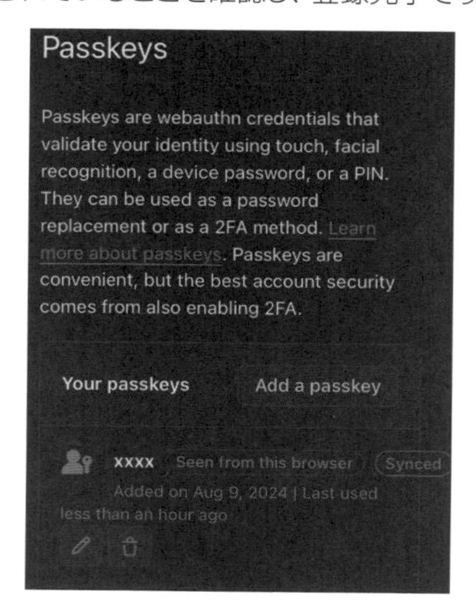

SECTION-25

パスキーの使用方法

パスキーを利用し、認証できることを確認します。

サインイン画面に戻ります。認証器を利用した認証を行う場合は、iOS端末に認証器を挿した状態で、サインイン画面で「Sign in with a passkey」をタップします（Usernameもしくはemail addressの入力は不要です）。

ポップアップが表示されるので、認証器の金属部分をタップすると認証が完了し、GitHubサイトのトップ画面が表示されます。パスワードだけでなく、ユーザーネームも入力せず、パスワードレスでのサインインが可能です。

iOS端末とは別のデバイスにパスキーを登録した場合は、QRコードをAndroidデバイスでAuthenticatorを起動して読み取ります。認証を求められるので、Androidデバイスで認証を行うことで、iOS端末での認証が完了し、サインインすることができます。こちらもユーザーネーム、パスワードを入力せず、パスワードレスでのサインインになります。

パスキー利用による注意点

パスキーは安全性と利便性を両立した、生体認証やパターンなどを用いたパスワードに代わるパスワードレスの認証方法として注目されていますが、利用する上での注意点があります。

◆パスキー対応のアプリケーション、Webサービスが少ない

パスキーによる認証方式は、普及期にある技術であるため、多くのWebサイトやプラットフォームで導入が進んでおらず、パスキーを利用できるサイトやアプリケーションが限定されるため、すべてのサービスにおいて、パスワードレスとならない点に注意が必要です。

今後、パスキーに対応するサービスが増えていくためには、Webサイトやプラットフォームの開発や、資格情報である秘密鍵をクラウドに保管することがセキュリティポリシーに反しないかといった検討が必要です。

◆同一アカウントの利用が前提

パスキーはApple IDやMicrosoftアカウント、Googleアカウントに紐付くため、複数のデバイス間で同期して利用する場合、アカウントを横断して利用することはできません。たとえば、Microsoftアカウントで保管したパスキーは、Androidデバイスに登録したGoogleアカウントと同期しないため、利用することができません。

◆デバイスやOSに依存

デバイスに秘密鍵を保存して認証を行う場合、デバイスやOSに依存します。そのため、デバイスを紛失したり、故障したりすると、秘密鍵が利用できなくなるため、新たなデバイスで再設定が必要になります。

スマートフォンを機種変更(たとえばiPhoneからAndroidへ変更)した場合も、パスキーは同期されず、利用することができないので、再設定が必要になります。

◆デバイスを紛失すると悪用される可能性がある

パスキーをデバイス内に保管して利用する場合、デバイスを紛失した際に悪用される可能性があります。たとえば、認証時にPINコードを利用した方法でパスキーを利用している場合、認証時にPINコードを入力するだけで簡単に悪用が可能です。ただし、認証を生体認証に設定しておけば、第三者が悪用することも難しくなるため、パスキーを設定する際は顔認証や指紋認証などの生体認証を利用することで、紛失時のリスクも抑制することができます。

Swissbit iShield Keyの製品紹介

Swissbit iShield Keyは、Swissbit社が開発したFIDOアライアンス認証を取得したハードウェアキーです。Google、Microsoft、Salesforce、Amazonなど、すべてのFIDO2準拠のWebサイトやサービスに対応しています。シンプルで安全かつ柔軟で強固な認証を提供し、フィッシング、ソーシャルエンジニアリング、アカウント乗っ取りなどのオンライン攻撃からユーザーを保護します。また、EUのNIS-2やOMBが米国政府機関向けに策定したゼロトラスト戦略など、世界的なサイバーセキュリティ規制にも準拠しており、厳格な基準に準拠した安全な認証メカニズムを提供し、機密情報をサイバースパイや不正アクセスから保護します。

◉SwissbitのiShield Key製品シリーズ

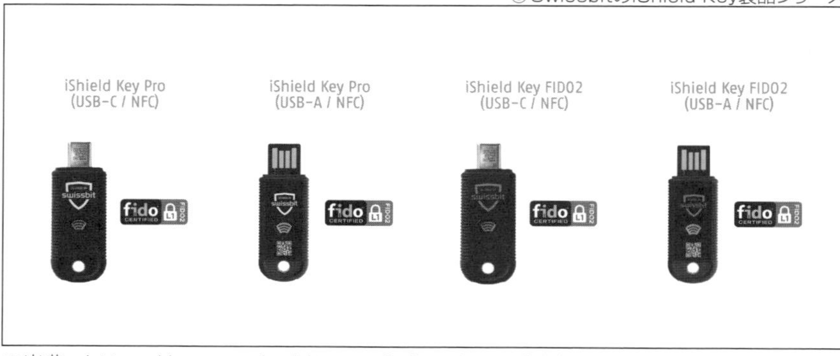

※出典：https://www.swissbit.com/ja/products/ishield-key/

iShield Keyの主な仕様[2]は次の通りです。

- 対応OS：Windows 10/11、macOS、iOS、iPadOS、Linux、Chrome OS、Android
- 対応規格：WebAuthn、FIDO2/CTAP2、Universal 2nd Factor(U2F) CTAP1
- 対応ブラウザ：Firefox、MS Edge、Google Chrome、Apple Safari
- FIDO認定：FIDO2 L1
- パスキー登録可能数：32個

[2]：2024年8月現在

SECTION-26

社内への導入

2022年以降、Apple、Google、Microsoftの3社がパスキーに対応した後、Adobe、Amazon、PayPal、NTTドコモ、Yahoo! JAPAN、メルカリなどのグローバル企業が続々と導入を行っていますが、エンドユーザー向けのシステムだけでなく、企業内のセキュリティレベルの向上を検討する中で、社内システムへの認証方法をパスキーに移行する企業も出てきています。社内へのパスキー導入や、既存の認証方法からパスキーへ移行する際のステップ、考慮すべき点などを記載します。

パスキー導入のStep

企業にとって、これまで利用し続けてきた認証方式を変更することは、システム管理者やユーザーにとってハードルが高く、課題や解決できない問題も発生することも考えられます。何から始めたらよいのか、できるだけ追加コストをかけずに導入できないか、試験的に導入するにはどういった方法があるかなど、導入検討を開始する上で、さまざまな疑問が出てきます。それらの疑問を解消する手立てとして、導入ステップを参考に、課題や問題に対処しながら導入、また導入後の運用までの検討を進めていきましょう。

◉パスキー導入の流れ

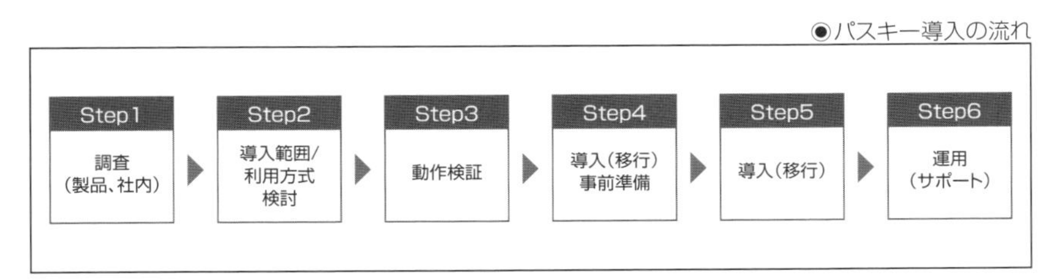

Step1 調査(製品、社内)

Step1では、社内の状況を調査し、またパスキーに対応する製品調査を行います。社内調査の主な項目としては下記があります。

- 利用デバイス(社用スマートフォン／PC、開発／検証用PC、システム専用端末など)
- デバイスのOS／Version(Windows、macOS、Linux、iOS、Androidなど)
- デバイスの利用場所(社内、社外など)
- デバイスの接続環境(インターネット、イントラネットなど)

- 利用システム(オンプレ、SaaSなど)
- 認証方法(パスワード、生体情報、証明書、トークンなど)
- 認可方法(RBAC、ABAC、グループポリシーなど)
- デバイスの利用者(一般社員、管理職社員、会社役員など)
- デバイスの保守/リース期間(修理サポートなど)
- デバイスの更改計画/スケジュール

各項目の調査内容や調査目的について、一例を一覧化しています。

大項目	中項目	小項目	
端末	利用端末	社用スマホ/PC、開発/検証用PC、システム専用端末	
	OS/Version	Windows、macOS、Linux、iOS、Android	
	利用場所	社内、社外	
	接続環境	インターネット、イントラネット	
	保守/リース期間	修理サポートなど	
	更改	計画、スケジュール	
アプリ	オンプレミス	社内システム	
	クラウド	SaaS	
利用者	役員	会社役員	
	社員	一般社員、管理職社員	
	非社員	派遣社員、契約社員	
部署	営業関連部署	営業、営業推進、販売促進、広報	
	非営業関連部署	総務、経理、法務、人事、経営企画	
認証	認証	パスワード、生体情報、証明書、トークンなど	
	認可	RBAC、ABAC、グループポリシーなど	
規制	情報管理	機密情報管理	

社内調査で収集した情報を整理し現状把握を行い、またパスキーに対応する製品情報を収集しますが、このタイミングで社内の詳細な状況を少しずつ把握していくために、物理的な資産や環境に関する情報だけではなく、部署ごとの状況や導入する上での障壁やリスクがないか確認を行い、課題の洗い出しができるとよいでしょう。

●社内調査項目一例

調査内容	調査目的
・社内でどういった端末が利用されているか ・台数はどのくらいあるか ・端末の規格確認（USBポートやタイプ、認証器の有無を確認）	・パスキーが導入可能な規格か ・パスキー自体を利用してよい端末か ・パスキーの展開計画を立てる際の材料にする
・どのOSを利用しているか ・どのVersionで利用しているか ・Authenticatorがインストールされているか	・パスキーが導入可能か ・パスキーで利用できるAuthenticatorか
・社内のネットワーク環境に違いはあるか ・社外で利用するケースがあるか	・利用場所により、利用する認証サービスを検討
・イントラネットにのみ接続する端末か ・インターネット接続も許可された端末か	・許可された接続環境により認証サービスを検討
・端末保守はいつまでか ・端末リース期間はいつまでか	・保守切れ／リース期間終了による端末変更で認証サービスの再検討は必要ないか
・端末更改の計画があるか ・端末更改のスケジュールはどうなっているか	・端末更改により認証サービスの検討は必要ないか ・更改後も認証サービスの継続利用可能か
・各システムの認証認可がどうなっているか ・オンプレアプリで利用できる認証サービスは何か	・現状の認証認可方法、その他で利用できる認証方法を確認し、移行可能か
・認証認可がどうなっているか ・SaaSで利用できる認証サービスは何か	・現状の認証認可方法、その他で利用できる認証方法を確認し、移行可能か
・スマホなど社用端末は払い出されているか ・追加でセキュリティ対策を行っているか ・ITリテラシーの確認	・会社役員などは強い権限が付与されていることが多く、スピアフィッシングなどで狙われやすく、現状の把握とセキュリティ対策状況を把握するため ・ITリテラシーによって導入が難しい場合があるため
・スマホなど社用端末は払い出されているか ・ITリテラシーの確認	・スマホの有無で認証方式も変わるため ・ITリテラシーによって導入が難しい場合があるため
・スマホなど社用端末は払い出されているか ・ITリテラシーの確認	・スマホの有無で認証方式も変わるため ・ITリテラシーによって導入が難しい場合があるため
・社外へのPC端末持ち出しはあるか ・端末のセキュリティ対策はどうなっているか ・社外からの社内システムへのアクセス方法、認証方法はどのように行っているか	・端末を社外へ持ち出す前提でどのような利用方法を行っているか ・トークンなど、紛失するリスクがあるものは払い出さないで違う方法の検討が必要なため
・社内システムへのアクセスはどのように行っているか	・アクセス方法や専用端末の利用有無など、利用状況の把握をして、導入方法を検討するため
・認証はID/パスワードのみか ・多要素認証を利用しているか	・システムがID/パスワード以外の認証に対応可能か ・現状の認証方法を確認し、移行方法の可否を検討するため
・どのようなアクセス制限を行っているか。	・現状の認可状況を確認し、セキュリティレベルが変わらないか、向上するか検討するため
・機密情報の管理方法にどのような規制があるか	・秘密鍵の取り扱いはどのような規定に当てはまるか

Step2 導入範囲／利用方式検討

Step2では、Step1で調査して得られた社内の情報や状況を参考に、パスキーを導入する範囲や利用方式の検討を行います。

◆ 導入範囲の検討

社内調査を実施したことにより、社内の状況を把握するができたことで、収集した情報をもとにパスキー導入の対象範囲とパスキーの利用方式の検討を行います。

導入の対象範囲の検討については、対象を全社員のデバイスとするか、一部の社員は除き、範囲を限定するか、検討します。全社員を対象にすることで、導入に時間がかかったり、導入課題も増えたりと、導入時の課題が多く発生することで、その対処に時間がかかったり、対処しきれない課題も中には発生したりと、事前に決めていたスケジュールの通りに導入が完了しない場合もあるため、導入の対象範囲は状況に応じた検討が必要になります。

そのため、パスキーを導入する必要性の高い社員がどのくらいいるか、導入にかけられるコストはどのくらいあるか、またセキュリティインシデントなどのイベントが発生する恐れがあり、緊急度が高いなど、社内調査で収集した情報から、導入対象範囲の検討、決定を行います。

導入範囲を検討する際のポイントは次の通りです。

- 導入の必要性
- 導入のコスト
- 導入の緊急度

導入範囲の検討を行い、対象範囲が決定した後、次にその対象範囲の社員が利用している社内デバイスの仕様を確認し、デバイスの規格上、パスキーの導入可能か、可否の確認を行います。

OS利用条件とデバイス利用条件の一覧を参考に、パスキーの導入可否を仕分けます。

仕分けを進めていくと、パスキーを導入できるデバイスやOSが古くアップデートもできず、買い替えが必要なデバイスなどがあることを確認できます。検証環境で利用している端末や特定のシステムでのみ利用している専用端末に関しては、OSのパッチ適用やバージョンアップを行っていないことが多いため、仕様上、適さない可能性も考えられますが、そもそもパスキー導入の対象端末とするか検討します。

●OSごとの利用条件(2024年8月現在)

OS	デバイス	OSバージョン	ブラウザ	ローカル認証※1	外部認証※2
Android	スマートフォン	10以上	Chrome／Edge／Firefox	○ サポート	× 計画中
IOS／iPadOS	スマートフォン／タブレット	16.3以上	Safari／Chrome／Edge／Firefox	○ サポート	○ サポート
Windows	PC／タブレット	10以上	Edge／Chrome／Firefox／Firefox	▲ 部分的にサポート	○ サポート
macOS	PC	13以上	Safari／Chrome／Edge	○ サポート	○ サポート
ChromeOS	PC／タブレット	－	－	× 計画中	○ サポート
Linux	PC	－	－	×	○ サポート

※1 ローカルデバイスからパスキーを作成して使用
※2 別のデバイスからパスキーを作成して使用

●デバイスごとの利用条件(2024年8月現在)

デバイス	OS	USBポート	カメラ	センサー	認証器
スマートフォン	Android	Type-C	顔認証	指紋認証	Yubikey、Swissbitなど
	iOS	Apple Lightning／USB-C	顔認証(Face ID)	指紋認証(Touch ID)	Yubikey、Swissbitなど
タブレット	Windows	Type-A／Type-C	顔認証(Windows Hello)	指紋認証(Windows Hello)	Yubikey、Swissbitなど
	iPadOS	Apple Lightning／USB-C	顔認証(Face ID)	指紋認証(Touch ID)	Yubikey、Swissbitなど
	ChromeOS	Type-C	※ローカル認証はサポート外	※ローカル認証はサポート外	※ローカル認証はサポート外
PC	Windows	Type-A／Type-C	顔認証(Windows Hello)	指紋認証(Windows Hello)	Yubikey、Swissbitなど
	macOS	Type-C	顔認証(Face ID)	指紋認証(Touch ID)	Yubikey、Swissbitなど
	ChromeOS	Type-A／Type-C	顔認証	指紋認証	Yubikey、Swissbitなど
	Linux	Type-A／Type-C	※ローカル認証はサポート外	※ローカル認証はサポート外	※ローカル認証はサポート外

◆ 利用方式の検討

導入範囲や既存の利用デバイスの仕分けを実施した後は、パスキーの利用方式の検討を行います。

パスキーでの認証方法は、生体情報やハードウェアトークン、ソフトウェアトークンなどがありますが、どの方法を導入するかは、利用するデバイスで判断するだけでなく、利用者や利用ケース、部署、規制など、さまざまな要素を検討材料とします。ただし、利用者のITリテラシーが導入障壁となる場合もあるので、そういった観点での検討も必要です。認証方法別の利点と費用を比較した一覧表も参考にして、利用方法の検討を行います。

● 認証方法別の利点と費用比較

	パスワード	同期パスキー	パスワード+OTP	セキュリティキー（デバイス固定パスキー）
便益分析				
フィッシング耐性	×	○	×	○
多要素	×	○	○	○
NIST AAL2適合	×	○	○	○
エンドユーザーの認知負荷	中くらい	○低い	高い	○低い
サインインのスピード	遅い	○速い	とても遅い	○速い
初回サインイン成功率	低い	○高い	低い	○高い
エンドユーザーのタスク放棄率	高い	○低い	高い	○低い
規制のある産業または規制のない産業での使用	両方	両方	両方	両方
費用分析				
技術導入にかかる初期コスト	○低い	中くらい	中くらい	高い
技術の維持費	○低い	○低い	高い	中くらい
認証の問題によるコンタクトセンターのコスト	高い	○低い	高い	中くらい
認証のセキュリティモデルによる不正行為件数と修復コスト	高い	○低い	中くらい	○低い
認証の問題によるアカウントロックアウトの量	高い	○低い	高い	○低い

※出典：https://www.passkeycentral.org/identify-your-needs/costs-and-benefits

また、認証要素ごとでのメリット、デメリットも確認しながら、利用方式の検討を行いましょう。

◉認証要素ごとのメリット、デメリット

認証要素	種類	メリット	デメリット
知識要素	・ソフトウェアトークン ・ワンタイムパスワードなど	・導入が簡単 ・専用デバイスが不要	・パターンの記憶が必要
所有物要素	・ハードウェアトークン ・SMSなど	・情報の記憶が不要	・ハードウェアが必要 ・紛失リスク ・コストがかかる ・個人で管理が必要
生体要素	・顔認証 ・指紋情報 ・虹彩情報など	・本人の一意性がある ・認証の手間がかからない	・生体情報は変更不可 ・情報漏えい時の影響範囲が広い

Step3 動作検証

導入範囲やデバイスごとで利用方式を決定した後は、実際に想定通りに利用可能か、動作検証を行います。動作検証を実施しながら、導入可否や懸念事項の洗い出しを行います。事前に動作検証を行うことによって、本導入時のトラブル発生やスケジュール遅延などを防ぐことにつながるため、できるだけ実施しておくことが重要です。

動作検証の準備としては、現状利用している同等のデバイス（OS、ブラウザなど）の用意や、導入候補となる認証器の調達も必要です。また、利用方式検討時に、利用条件に合わなかったデバイスは買い替えなどを検討することになりますが、新たに利用するデバイスについても動作確認を行っておきます。

そもそもパスキーとはどういったものか理解を深めるために、パスキーのデモサイト（https://www.passkeys.io/）があるので、動作を確認して、使用感などを体感することも検証の一環として行っておくとよいでしょう。

◉パスキーのデモサイト画面

◆動作検証で出た課題の対応

動作検証した際に出た課題の対応を行います。すぐに解決するものから、一通り動作検証が完了した後も残る課題もあるため、できるだけ動作検証しながら、並行して課題への対応も行います。どうしても次のStepである導入（移行）事前準備までに課題が完了しない場合は、課題の緊急度を確認し、緊急性が低い課題については、対応する優先度を下げます。ただし、課題対応を確実に行うために、対応する期限は設定しておきます。

Step4 導入（移行）事前準備

利用方式の検討や動作検証を実施した結果から、導入（移行）の事前準備を行います。導入（移行）方法の検討内容は、下記の各項目などを決めていきます。

◆導入スケジュール作成

導入スケジュールは、事前の動作確認や課題対応、リハーサルの実施、導入に関する社内通知や説明の準備、本導入とその後のサポート、またQA対応など、導入前〜導入後に行う必要のある項目を洗い出し、スケジュールを作成し、導入に関連する作業は何か、どの程度の期間必要になるかを確認します。

◉パスキー導入スケジュール一例

作業項目	N月				N月+1				N月+2			
検証環境 動作確認	■	■	■	■								
検証時の課題対応			■	■	■	■						
導入（移行）リハーサル						■						
社内通知、説明							■					
導入（移行）								■	■			
導入後サポート										■	■	■
QA対応										■	■	■

◆導入(移行)順序の決定

導入(移行)の順序を決めていきます。まずはトライアルとして、何かトラブルが発生した場合の影響を鑑みて、業務上で影響の少ない部署などから導入し、徐々に導入範囲を広げていきます。営業のようにお客様と直接やり取りが発生するような部署はトラブル発生の影響が大きかったり、外付け認証器の払い出しを行う前提の場合、出張などの外出が多いと紛失や破損の恐れがあったりするので、社内業務を行う部署から導入し、そこで出た課題を解決した後、営業関連部署や会社役員などの導入(移行)を実施するとよいでしょう。

また、社内部署の中でも、開発部門などのIT知識のリテラシーが高い部署から導入(移行)を実施することで、導入(移行)時の的確なフィードバックがあったり、課題発生時の解決に協力的であったり、技術的観点で早期解決が図れたりするなど、導入(移行)時のメリットが大きいので、そういった部門がある企業は先行して導入(移行)する部署に決定するとよいでしょう。

ただし、企業ごとで環境や状況は異なるため、企業の事情を考慮した上で、導入(移行)順序の決定を行います。

導入(移行)順序の例は次のようになります。

1. 開発などを行う情報システム部門
2. 社内業務を行うバックオフィス関連部門
3. 営業関連部門

◆導入(移行)ガイド作成

社員向けに導入(移行)のガイドを作成します。

掲載する内容としては、作業スケジュール、導入(移行)に必要な作業やその手順、作業時の注意点などを盛り込みます。記載した手順通りに作業が進まない場合もあるため、切り戻し手順やエラー時の対処方法、各種問い合わせ先の情報も記載しておきます。ちなみに、想定通りに作業が進まないケースとして、社員の身体的な理由による場合が考えられます。たとえば、肌荒れや怪我をしていることにより、指紋認証が難しいケースがあるため、代替案をいくつか準備しておきます。

その他の準備として、事前に想定される質問とその回答もQA表としてまとめておきます。導入時や導入後に社員の疑問に対する早期解決の手助けとなり、同時にサポートへの問い合わせ件数も抑えられるので、準備しておくとよいでしょう。

◆社員説明、教育(リテラシー向上)

導入(移行)事前準備の一環として、事前に導入(移行)に関する説明を社員へ実施します。

下記の内容を含め説明を行います。質疑応答も実施し、できるだけ質問が残らないよう対応します。

- What=何を(課題)
- Why=どうして(動機)
- Who=誰に対して(対象)
- When=いつまでに(時期、時間)
- How=どのように(手段)
- How Many=どれくらいで(規模)

また、社員への説明とは別に、必要に応じてITリテラシー向上のための機会を設けます。これは、社員のITリテラシーが導入(移行)時の障壁となる場合があるため、それを回避するための対応です。スムーズな導入(移行)を実行する上で必要な対応なので、Step1で実施した社内調査時のヒアリングでも各部署や部門などの社員のITリテラシーを確認しておくことで、対応可否を整理でき、また導入(移行)時に想定外の対応が発生することへの軽減につながります。導入(移行)ガイドを準備しますが、社員の年齢層が広いと、文章の捉え方も変わることがあるため、できるだけ情報を載せて作成することがありますが、導入(移行)ガイドのボリュームが多くなり過ぎると、対応する際にガイドを確認する時間が増加し、内容によってはわかりにくくなることもあるため、内容の精査は必要です。

Step5 導入(移行)

導入(移行)を実施します。社員ごとで導入(移行)ガイドをもとに作業を実施してもらいます。

進捗状況は、認証サーバーなどの認証ログを確認するなど、ログインエラーやログが確認できない作業未実施の社員がいないか確認し、必要に応じて個別にフォローを行い、スケジュールした期日までに対象者全員が作業完了するようにします。導入(移行)ガイドの手順通りに作業が進まず、解決方法がわからない場合もあるため、早期解決できるように製品ベンダーなどへの問い合わせも行います。

並行して、導入(移行)を実施したことで得られたナレッジを導入(移行)ガイドやQA表に追加していくことで、ドキュメント関連のブラッシュアップも行います。

Step6 運用(サポート)

導入(移行)が完了した後、運用に入ります。利用を開始した社員などから次のような問い合わせがあることが想定されるため、サポートを行います。

- 利用方法サポート
- 認証器の不具合問い合わせ対応
- 認証器の紛失、故障対応
- 認証器の在庫管理

サポートについては、問い合わせ窓口の設置やオンサイトでのサポートも場合によっては必要となるため、初期導入した部署での問い合わせ数やサポート数を参考に、導入範囲を広げた場合、導入(移行)後の運用(サポート)体制をどのようにするか、事前に検討しておきます。

SECTION-27

サプライチェーン（グループ企業、関連企業、取引企業）への導入

近年、企業の脆弱性を狙ったサイバー攻撃が増加しています。攻撃目標とする大企業は強固なセキュリティ対策を行っていることが多く、簡単に攻撃することが困難なため、標的とする企業を攻撃する前に、セキュリティ対策が手薄なグループ企業や関連企業などを攻撃し、関連企業のID情報を窃取し、そのID情報を利用して、標的とする大企業に侵入したり、標的とする大企業の情報を関連企業から窃取することで、大企業に侵入し攻撃したりするなど、攻撃方法は多様化しています。サプライチェーンを構成する組織にとって、サプライチェーンの脆弱性を狙ったサイバー攻撃が大きな脅威となっています。

◉サプライチェーンの弱点を悪用したサイバー攻撃例

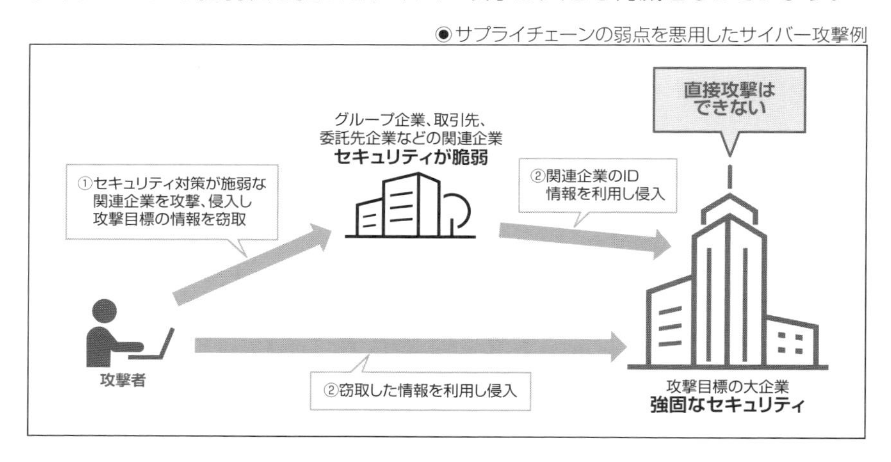

独立行政法人 情報処理推進機構（IPA）が毎年公表している「情報セキュリティ10大脅威」では、2019年から「サプライチェーンの弱点を悪用した攻撃」が毎年ランクインするようになりました。また、経営者が認識すべきサイバーセキュリティに関する原則などをまとめたサイバーセキュリティ経営ガイドラインでは、サプライチェーン管理の重要性が記載されています。

企業は最新の攻撃手法を踏まえてセキュリティ対策を強化する必要がありますが、対策の1つとして、パスキーの導入があります。標的にされた企業がパスキーを導入しているケースでは、攻撃者が事前に、セキュリティが脆弱な関連企業から、標的とする企業のID情報を窃取したとしてもパスキーを利用していれば、ID情報だけでは認証が完了しないため、攻撃者は標的とする企業のネットワークやシステムに侵入できず、攻撃を阻止することができます。

◉パスキーの利用で攻撃者の侵入を阻止

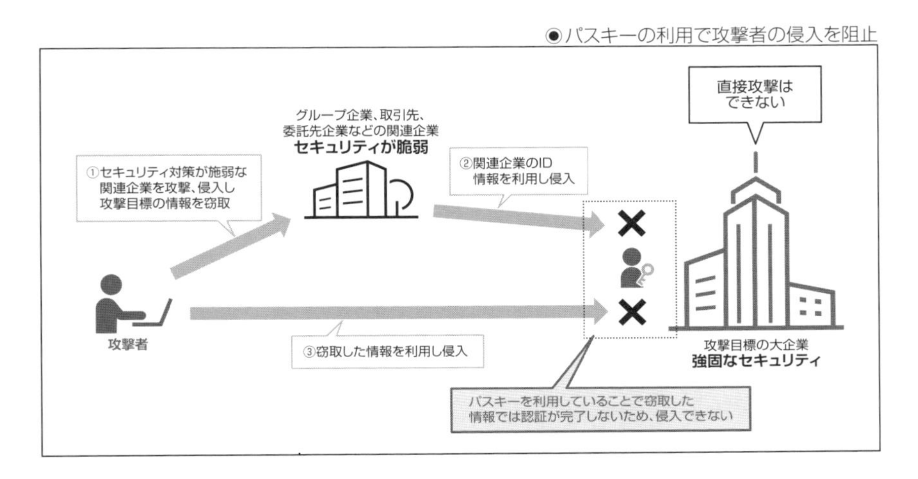

また、関連企業へパスキーを導入することで、認証強度が向上し、攻撃者は関連企業のネットワークやシステムへ侵入できないため、標的とした企業のID情報なども窃取できず、結果的に攻撃の阻止につなげることができます。

◉パスキーの利用で関連企業への攻撃者侵入を阻止

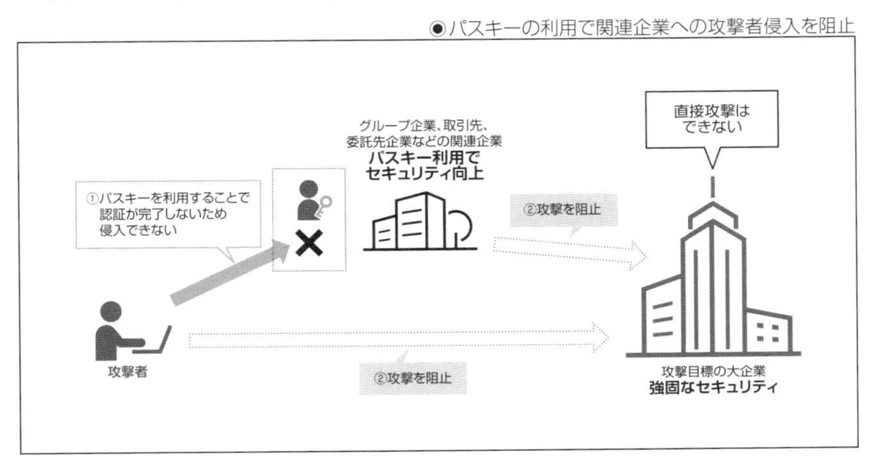

ハッキング関連の侵害は脆弱なパスワードや盗難されたパスワードを利用されることが大半なため、パスキーを認証プロセスに組み込むことで、企業はID管理を強化することができ、攻撃リスクの大幅な低減につながり、サプライチェーンにおけるセキュリティリスク管理を改善することができます。

SECTION-28

BtoB(一般企業)への導入

企業のクラウドサービス利用が普及する中、依然としてオンプレミスのシステムを利用する企業は多く、重大なセキュリティリスクを抱えながらも、初期コストが低いなどの理由から、未だパスワードによる認証を利用し、パスワードによる認証がなくなることがありません。徐々に各企業も業界のガイドラインに準拠させるため、多要素認証への移行に取り組んでいますが、パスワード認証からパスワードレス認証に一足飛びに移行する企業は多くありません。

現状で多要素での認証といえば、パスワード認証に、ワンタイムパスワードや生体情報による認証などを追加する認証方法が多いですが、サイバー攻撃を回避するまでのセキュリティ向上を図り、サイバーセキュリティリスクを低減させるための方法として、FIDO2認証のパスキー利用が最適です。徐々にSaaSもサービス提供ベンダーにより、ユーザーのパスキー認証が可能となるよう導入が進んでいます。

ただ、オンプレミスシステムに関しては、各企業の開発担当者がパスキー認証の組み込みと動作検証を行う必要もあり、また新しい認証方法であるため、既存環境への影響が不明確で手を加えることに抵抗があり、まだ技術検討中という企業も多いでしょう。

そういった中で、既存環境にできるだけ影響を与えずに、パスキー認証をオンプレミスシステムへ導入するための認証サーバーを提供するサードパーティ製品があり、認証基盤の更改や統合認証基盤への移行を検討する候補の1つとして検討してもよいかもしれません。

サードパーティ製品の認証サーバーサービスは、SaaSやオンプレミスシステムの認証にパスキーの利用が可能となるだけでなく、SSO(シングルサインオン)も可能となるため、開発者が開発作業することなく、セキュリティレベルの向上やユーザーの利便性の向上が図れます。また、インターネットに接続できないオンプレミスシステムなどの閉域環境で利用可能な認証サーバーサービスもあるため、さまざまなIT環境にパスキー認証を導入することができます。

◉オンプレミスシステムへのパスキー導入例

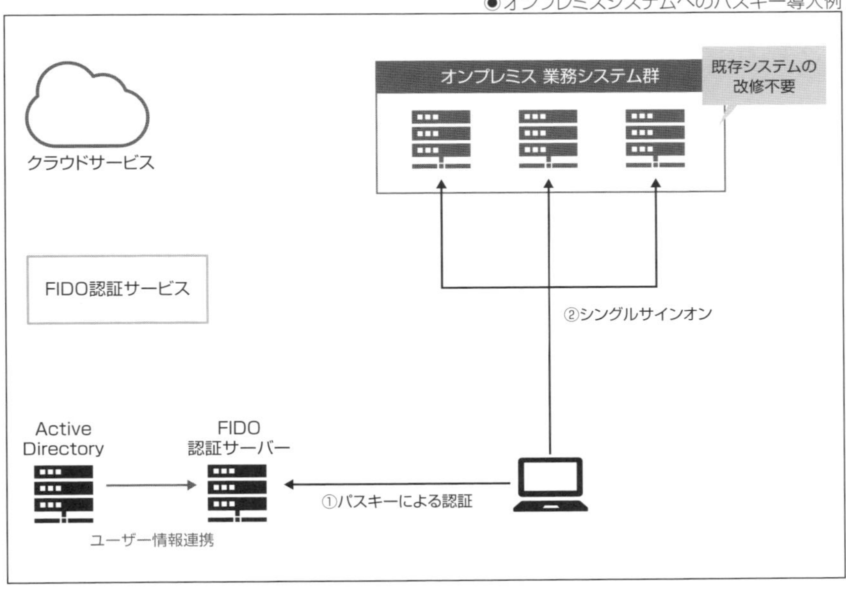

◉クラウドサービスへのパスキー導入例

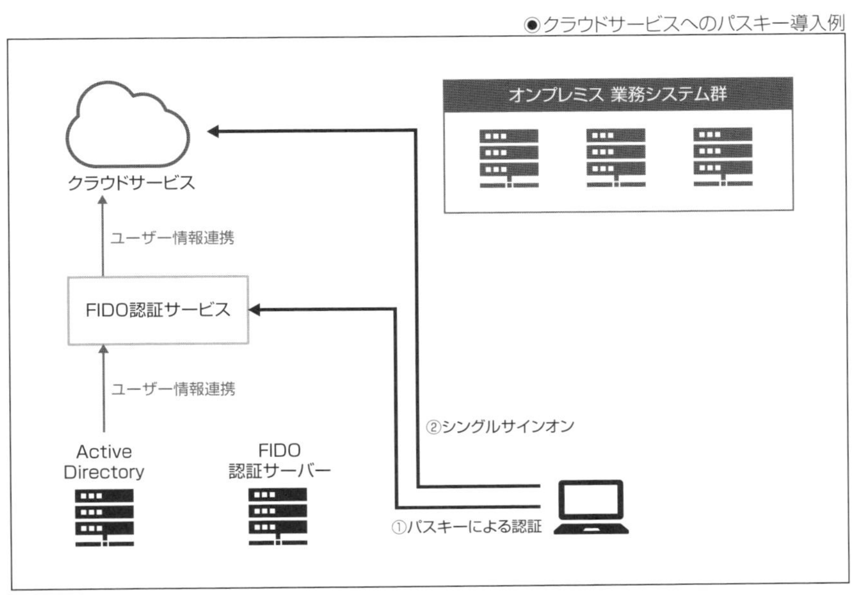

SECTION-29

本章のまとめ

本章の前半では、デイバス側のパスキーの設定、アプリケーション側の事前設定について説明しました。パスキーはアプリケーションが対応していれば、比較的導入は容易といえます。ただ、パスキーを利用する上での注意点、懸念点もあるのは事実です。そのため、組織のIT環境などによって導入の是非が問われるかもしれませんが、何よりも増加するフィッシング被害などのサイバー攻撃を軽減する一助となる他、利用者の利便性向上にもつながることは間違いないといえるでしょう。

本章の後半では、社内外への導入に関して説明しました。各導入ステップは最低限必要な項目として上げましたが、企業のIT環境に合わせて、パスキー導入に必要な準備や作業を本章の導入ステップを参考に検討し、導入に向けての準備を進めていくとよいでしょう。

CHAPTER 05 パスキーの実装と展開

本章の概要

本章では、パスキーを利用するために必要な認証基盤での事前設定やアプリケーションへのパスキーの実装方法、そしてパスキーの展開方法を紹介します。認証基盤での事前設定については、「認証基盤とは何か」から解説し、事前の設定方法を紹介します。

アプリケーションへの実装方法については、実装する上で必要なコードやコードごとの内容を説明し、動作環境を利用して、パスキーの実装を体感できるサイトを紹介します。

パスキーの展開方法については、企業規模で変わるパスキーの展開方法を紹介します。

SECTION-30

認証基盤について

現在多くの企業が導入し、利用されている認証基盤ですが、認証基盤とは何か、求められる背景やなぜ認証基盤が利用され、どのような役割があるかを説明します。

認証基盤が求められる背景

社内システムやクラウドサービスを利用する上で必ず必要となるのがログインです。現在、システムへのログインにおいて、IDとパスワードを入力し、ログインするシステムが未だ多く存在するため、システムごとのIDやパスワードが払い出され、ユーザーはすべてのID、パスワードを覚えておく必要があります。また、利用するシステムが増え続け、払い出されるIDも増加し、パスワードもパスワードポリシーにより複雑な設定を強いられると、それぞれ違うID、パスワードを覚えておく必要があり、都度ログインするのも非常に面倒になります。定期的なパスワード変更もユーザーにとっては面倒でどのシステムにどのパスワードを利用しているか、わからなくなり混乱を招く原因にもなります。

システム管理者も、それぞれのシステムをシステムごとで管理が必要となるため、IDメンテナンスが大きな負担になり、セキュリティリスクもその分、増大します。システム管理者の問題点として下記があります。

- ID登録、削除などの作業ログを手動で残す必要があり、手間がかかる。
- 退職したユーザーのIDを削除し忘れていることに気付かないことがある。
- 棚卸しする際にIDが必要かどうか判断できない。
- IDに過剰な権限が付与されたままになっているが整理できない。
- パスワード再設定の問い合わせ対応が多過ぎて稼働が取られる。

以上のように、システムごとでの利用や管理を行っていると、ユーザーやシステム管理者には多くの負担がかかり、利用時の混乱やセキュリティリスクが増大するため、それらの問題を解決する方法として、認証基盤の導入があります。

認証基盤の役割

認証基盤の役割としては下記があります。

- 統合ID管理
- シングルサインオン(SSO)
- 多要素認証
- IDモニタリング

◆統合ID管理

社内システムやクラウドサービスを利用する上で、アカウントの新規作成やユーザー情報の変更、退職や異動に伴う削除など、さまざまなID情報の管理が必要になります。ただ、ユーザー数が多かったり、利用するシステムが多かったりすると、1つひとつのIDをメンテナンスすることは非常に時間がかかり、効率的ではなく、困難になります。そこで役に立つのが統合ID管理で、ID情報を一元的に管理することができ、ID管理者の負担を軽減し、効率的なID管理を行うことができます。

◆シングルサインオン(SSO)

シングルサインオン(SSO)はシステムのログイン時の負担を軽減する仕組みです。一度の認証作業により、複数の社内システムやクラウドサービスへの認証する手間が省け、ユーザーのログイン時の負担が軽減されるメリットがあります。また、利用するシステムが多ければ多いほど、SSOの導入効果は高まり、ユーザーのパスワードの使い回しによるセキュリティリスクの減少やパスワード管理の負担も軽減します。

◆多要素認証(MFA)

多要素とは、認証要素を2つ以上、組み合わせることを指し、多要素での認証により、セキュアなログインが可能となります。認証要素には、「知識情報」「所持情報」「生体情報」の3種類がありますが、ID、パスワードは「知識情報」となるため、1つの認証要素での認証方法となり脆弱な認証になります。多要素認証を利用することにより、なりすましや不正ログインを防ぐことが可能です。また、パスワードを利用せず、「所持情報」「生体情報」を組み合わせて利用することにより、ユーザーの利便性向上やログインの負担も軽減します。

◆IDモニタリング

IDモニタリングは、社内システムやクラウドサービスの利用時に、認証基盤へのログイン状況をチェックし、長期間ログイン実績がない休眠しているIDや退職者のID、また不正に作成されたIDなどの管理者が把握していないIDを検知し、IDの棚卸しを行う機能になります。休眠IDや異動者、退職者のIDが残っていると、そのIDを第三者が不正に利用するリスクがあります。IDモニタリングを利用することにより、ID情報とシステムの利用状況を突合することで、不正なIDや不要なIDを自動で検出し、通知することでシステム管理者は対処することができ、リスクを軽減することができます。

SECTION-31

IDaaSもパスキーに対応

多くの企業が認証基盤としてIDaaSを導入しています。IDaaSはインターネット上で提供されているSaaSの一種で、「IDentity as a Service」の頭文字を取った略称で、「アイダース」などと読み、翻訳すると「クラウド型ID管理サービス」となります。

IDaaS導入のメリットとしては次の点が上げられます。

- シングルサインオンによる業務効率の向上
- システム管理者の負担軽減
- セキュリティ強化

2018年ごろから急速にIDaaS市場は拡大していますが、その背景には多くの企業がクラウドサービスを利用するようになったことや新型コロナウイルスによって変化した働き方、そしてサイバー攻撃の巧妙化によって、求められるセキュリティレベルの高度化が上げられます。

国内でも多くのIDaaS製品がありますが、代表的なIDaaS製品として、「Okta」「Entra ID」があります。これらのIDaaS製品は、パスキー認証に対応しており、ユーザーが認証を行う際に、パスキーでの認証が可能です。

「Okta」「Entra ID」での事前設定

ユーザーにパスキー認証を許可するためには、事前にOkta、Entra IDの管理画面で利用設定が必要になります。管理者が利用設定をすることで、ユーザーが認証時に、パスキーでの認証を選択することができるようになります。ここでOkta、Entra IDでの事前設定方法を紹介します。

◆ Oktaでの事前設定

まずOktaの管理画面にアクセスします。左にある管理画面のメニューから「セキュリティ」→「Authenticator」をクリックします。

登録されているAuthenticator（認証器）の一覧が表示されるので、「セットアップ」タブをクリックし、「Authenticatorを追加」ボタンをクリックします。

設定可能なAuthencatorの一覧が表示されるので、一覧の中から「FIDO2（Webauthn）」を探し、「追加」ボタンをクリックします。

「一般設定」を行います。サポートしている認証方法を確認し、利用予定のデバイスが準備できていることを確認します。

次に、ユーザー検証の設定項目があるので、企業などで定義されているセキュリティポリシーに則り、「非推奨」「推奨」「必須」から選択します。

「推奨」「必須」を選択した場合、デバイスのタップに加えて、生体認証またはPINを求められます。下図の下部にある注意事項にも記載がありますが、ユーザー検証にブラウザがサポートしているかどうか事前に確認が必要です。

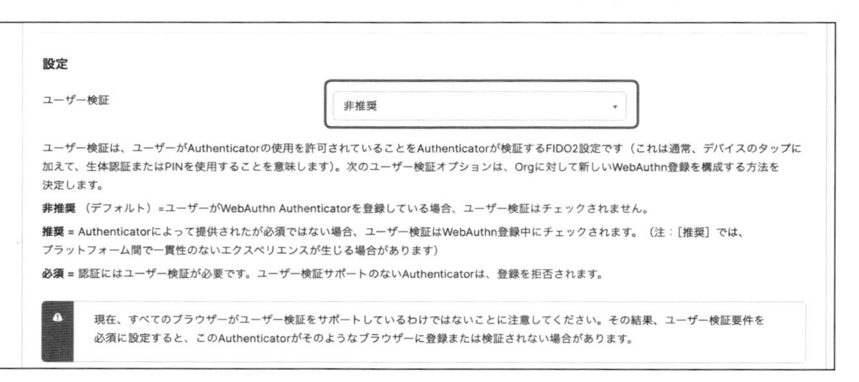

最後に「追加」ボタンをクリックします。

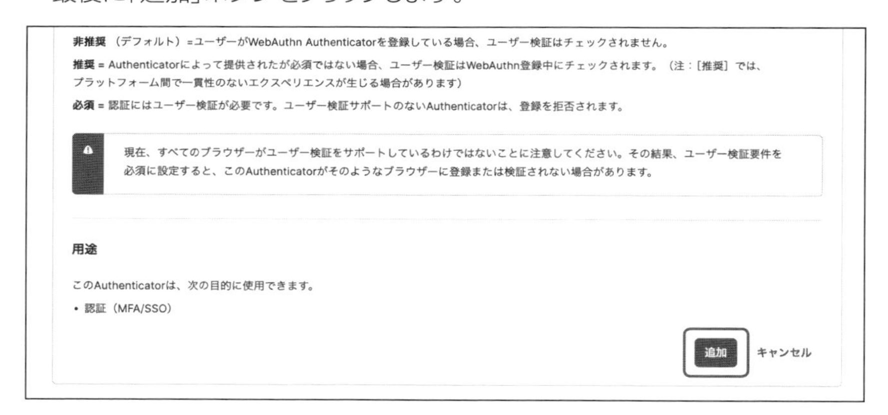

「一般設定」が完了すると、パスキー認証の利用可能な認証方法としてセットアップが完了となりますが、「一般設定」タブの隣にある「Authenticator設定」タブがあり、特定のセキュリティキーの利用に制限する設定も可能なため、企業などのセキュリティポリシーに則り、必要に応じて設定を行います。

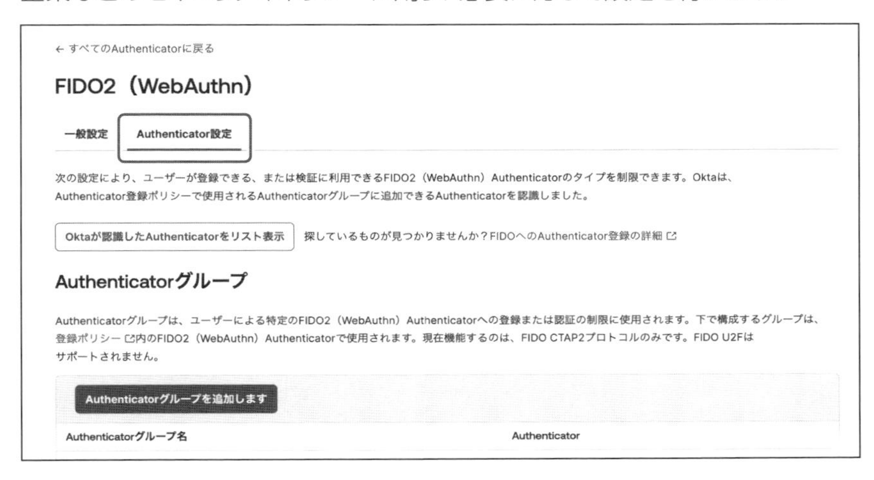

Authenticator一覧に戻り、「FIDO2（WebAuthn）」が追加されていることを確認し、セットアップが完了です。

Authenticator

ドキュメント

セットアップ　登録

認証と復旧に使用されるAuthenticatorをセットアップおよび管理します。

Authenticatorを追加

名前	要素タイプ	特徴	用途	ステータス	
メール	所有		認証 復旧	アクティブ	アクション ▾
Okta Verify	所有 所有 + 知識[1] 所有 + 生体認証[1]	デバイスバウンド ハードウェア保護 フィッシング耐性（Okta FastPass）[2]	認証 復旧（プッシュのみ）	アクティブ	アクション ▾
パスワード	知識		認証	アクティブ	アクション ▾
電話	所有		認証 復旧	アクティブ	アクション ▾
FIDO2（WebAuthn）	所有 所有 + 知識[1] 所有 + 生体認証[1]	ハードウェア保護 フィッシング耐性[2]	認証	アクティブ	アクション ▾

最後に、登録されているAuthenticatorポリシーの中でパスキー認証を利用したいポリシーでパスキー認証を有効にするための設定を行います。「セットアップ」タブの隣にある「登録」タブをクリックし、左側にリストされたポリシーから該当のポリシーを選択して、「アクション」→「編集」をクリックします。

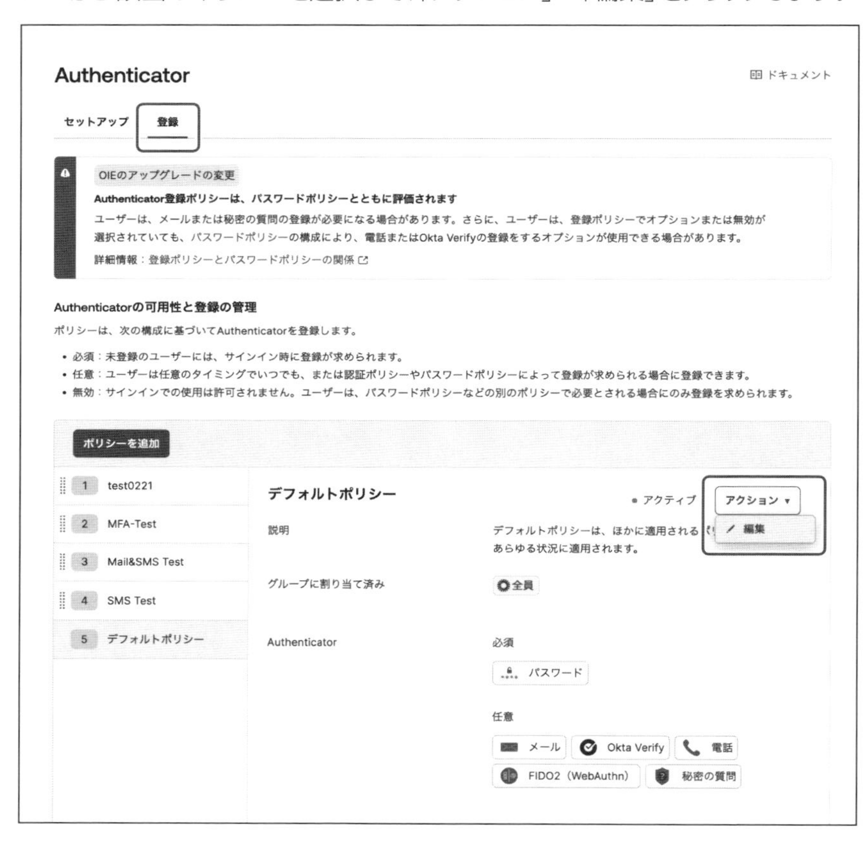

ポリシー編集画面でFIDO2(WebAuthn)の項目のところで、「無効」を「必須」もしくは「任意」に設定します。

「必須」もしくは「任意」に設定すると、先ほど紹介した「Authentcator設定」で設定した特定のセキュリティキーでの利用制限をここで選択することができるので、設定が必要な場合は「選択したグループリストからのAuthenticator」を選択し、設定を行います。設定が完了したら「ポリシーを更新」ボタンをクリックし、事前設定が完了します。

ポリシーを編集

ポリシー名
Default Policy

ポリシーの説明
The default policy applies in all situations if no other policy applies.

グループに割り当て
全員

Authenticator

メール　任意
Okta Verify　任意
パスワード　必須
電話　任意
FIDO2（WebAuthn）　必須
許可されたAuthenticator　任意のWebAuthn Authenticator
選択したグループリストからのAuthenticator
Authenticatorグループは［FIDO2（WebAuthn）デバイス設定］で構成できます
秘密の質問　任意

ポリシーを更新　キャンセル

◆Entra IDでの事前設定

　まずEntra管理センターにアクセスします。左にある管理画面のメニューから「保護」→「認証方法」をクリックします。

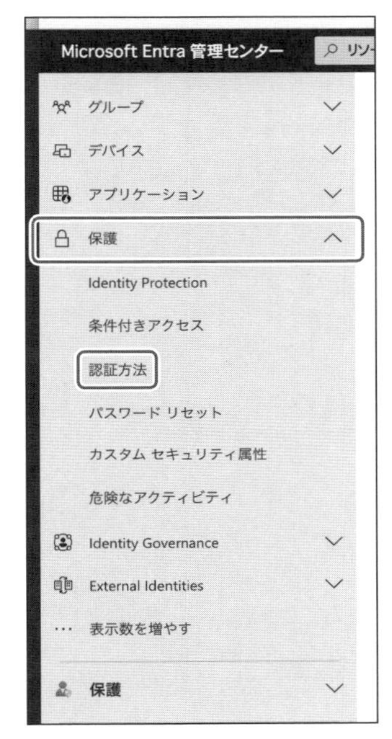

認証方法の「ポリシー」が表示され、右側に「パスキー(FIDO2)」があるので、クリックします。

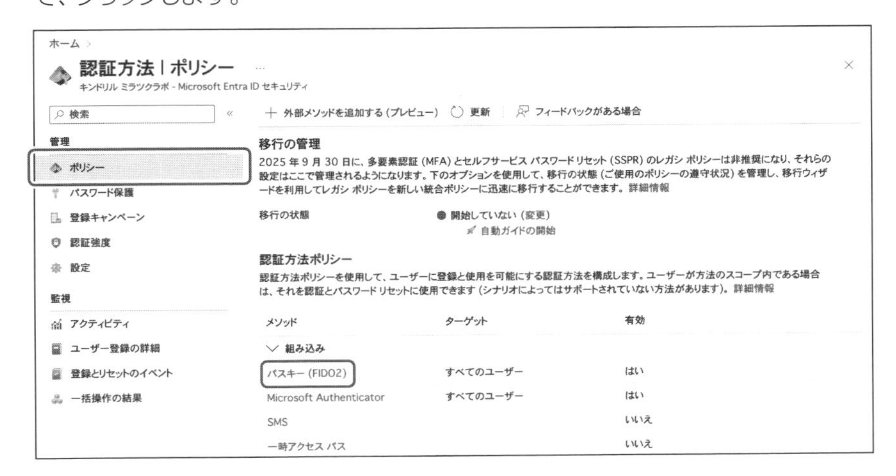

「有効化およびターゲット」タブをクリックし、「有効にする」をクリックして、パスキー認証を有効にするターゲットを「すべてのユーザー」もしくは特定のグループに設定が必要な場合は「グループの選択」を選び、その下にある「グループの追加」からグループを選択して設定します。ちなみに、「含める」タブの右隣に「除外」タブがあり、除外が必要なグループがある場合は設定します。

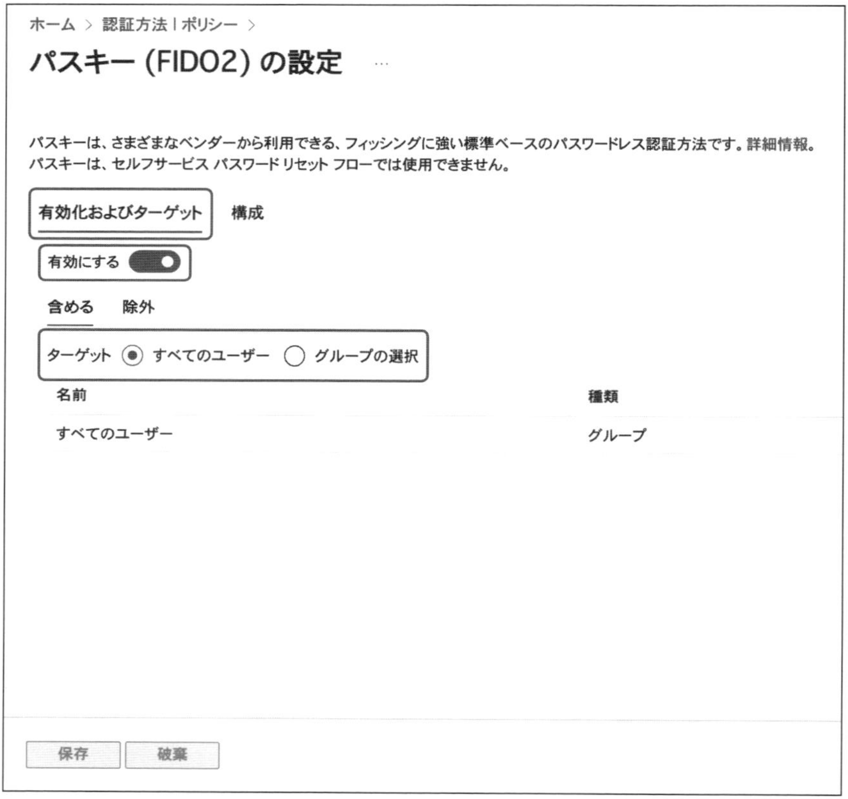

「有効化およびターゲット」タブの右隣に「構成」タブがあり、クリックするとパスキーのオプション設定が可能です。オプション設定が完了したら、設定画面下部にある「保存」ボタンをクリックします。

ホーム ＞ 認証方法 | ポリシー ＞

パスキー (FIDO2) の設定 …

パスキーは、さまざまなベンダーから利用できる、フィッシングに強い標準ベースのパスワードレス認証方法です。詳細情報。
パスキーは、セルフサービス パスワード リセット フローでは使用できません。

有効化およびターゲット　構成

全般

セルフサービス設定を許可　はい　いいえ

構成証明の適用　はい　いいえ

キーの制限ポリシー

キーの制限の適用　はい　いいえ

特定のキーを制限　許可　ブロック

Microsoft Authenticator (プレビュー)

AAGUID の追加

AAGUID が追加されていません。

保存　破棄

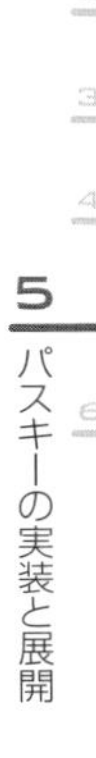

各オプションの設定内容は次の通りです。

● セルフサービス設定を許可

ユーザー自身がMySecurityInfo（https://aka.ms/mysecurityinfo）でパスキーを登録できることを許可する場合は、「はい」で設定します。「いいえ」で設定すると、認証方法ポリシーで有効にしても、ユーザーはMySecurityInfoからパスキーを登録することができなくなります。

● 構成証明の適用

FIDO2セキュリティキーモデルまたはパスキープロバイダーが本物であり、正規のベンダーが提供したものであることを検証します。

※Microsoft Authenticatorのパスキーについては、現在、構成証明はサポートされていません。

● キーの制限ポリシー

利用を許可もしくはブロックするセキュリティキーを設定することが可能です。設定する際は、セキュリティキーの「AAGUID(製造元やモデルなどのキーの種類を表す128ビットの識別子)」が必要です。ちなみに、SwissbitでAAGUIDを確認する場合、iShield Key Manager(iShield Keyの管理画面)で確認することができます。

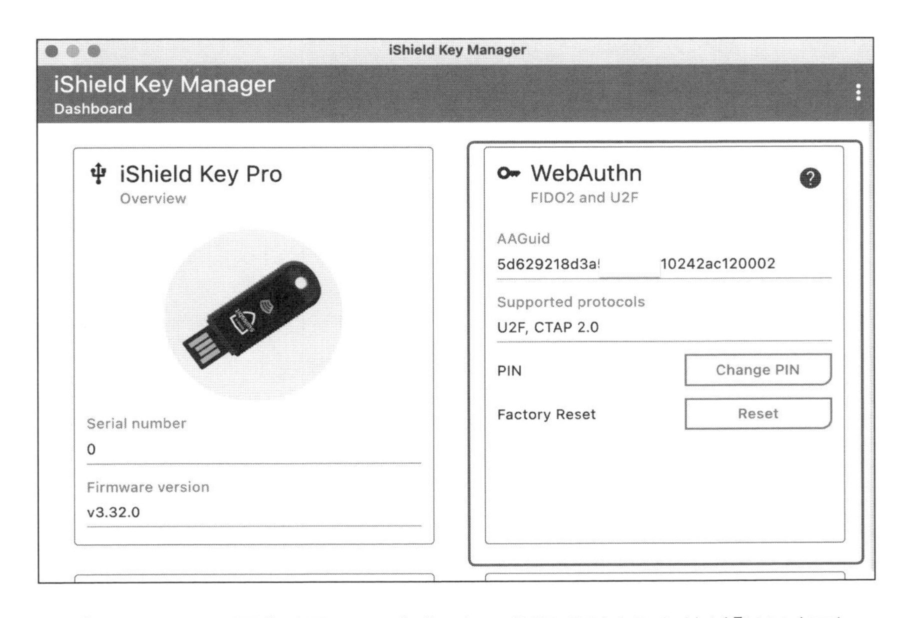

ポリシー画面に遷移するので、「パスキー(FIDO2)」の有効が「はい」になっていることを確認し、事前設定は完了です。

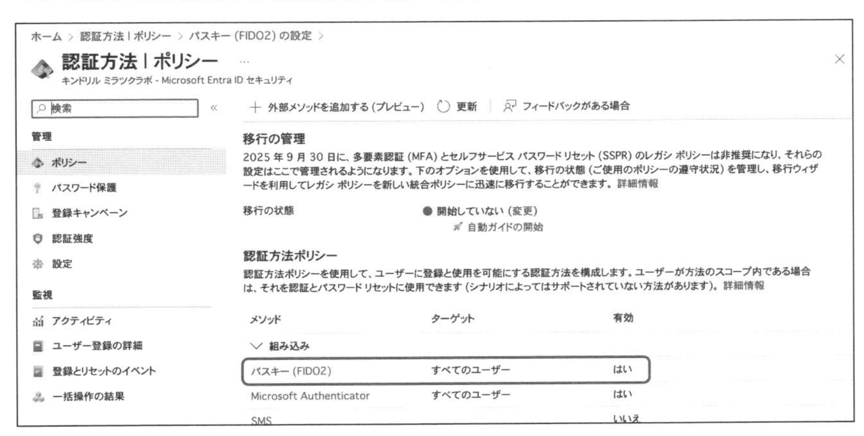

SECTION-32
アプリケーションへのパスキーの実装

アプリケーションへのパスキーの実装方法について紹介します。既存で利用しているID、パスワードでの認証方法から、パスキー認証へ変更する際に、必要となるコーディングを紹介します。

実装概要

紹介する内容は、パスキーの実装について、開発者向けにGoogleが公開している下記のコードラボの内容をもとにパスキーの実装方法の概要を紹介します(詳細な内容は直接サイトにアクセスして確認してください)。

URL https://developers.google.com/codelabs/passkey-form-autofill?hl=ja#0

はじめに事前準備として、コーディングした際の動作を確認するための環境を準備します。その後、コードごとの説明と実際にコーディングし、パスキーを実装した際の動作を確かめることができます。コーディングは大きく分けて3つです。事前準備としてのセットアップを含めて次の流れで実装していきます。

1 セットアップ
2 パスキーを作成する機能の追加(「registerCredential()」関数の作成)
3 パスキーの認証情報の登録と管理を行うためのUIを作成
4 パスキーによる認証機能の追加

実装を確認する際の前提条件として下記が挙げられているので、前準備として基本的な知識は確認しておくとよいでしょう。

- 前提条件
  - JavaScript に関する基本的な知識
  - パスキーに関する基本的な知識
  - Web Authentication API(WebAuthn)に関する基本的な知識

- 注意事項
  - コードラボでは、FIDOサーバーの構築方法については説明していない（SimpleWebAuthn[1]というライブラリを使用）。
  - サードパーティのライブラリを利用する場合は、必要な機能がそのライブラリで用意されているか確認が必要
  - FIDOサーバーの他のオプションの詳細については、FIDO認定[2]を確認
  - オープンソースライブラリの詳細については、「WebAuthn and Passkey Awesome[3]」を確認

◆ セットアップ

動作確認する環境として、Glitchというサービスを使用します。GlitchではブラウザのみをIを使用して、クライアントサイドとサーバーサイドのJavaScriptコードを編集し、デプロイできます。

- Glitch

  URL https://glitch.com/

Glitchにログインし、「https://glitch.com/edit/#!/passkeys-codelab-start」でプロジェクトを開き、「Remix」をクリックしてGlitchプロジェクトをフォークします（Glitchのサインインについては割愛します）。

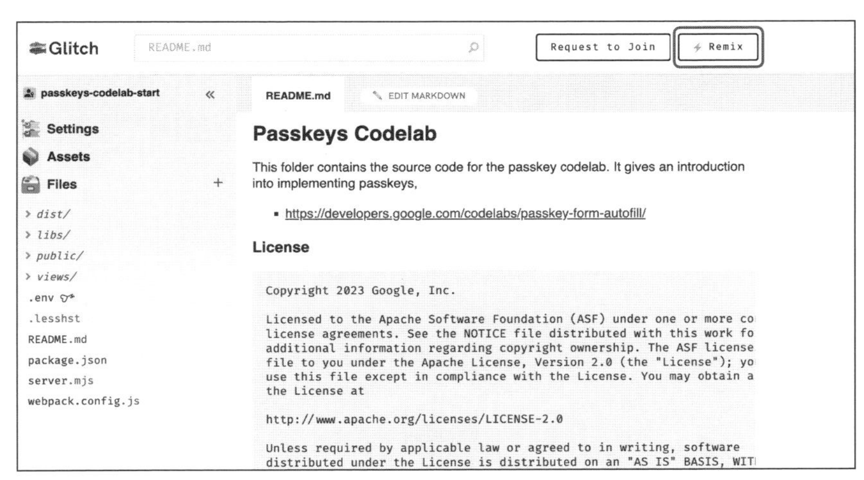

[1]：https://github.com/MasterKale/SimpleWebAuthn
[2]：https://fidoalliance.org/certification/fido-certified-products/
[3]：https://github.com/yackermann/awesome-webauthn

Glitchの下部にあるナビゲーションメニューで、「Preview」→「Preview in a new window」をクリックすると、実装した内容が表示されて状況を確認できるので、コードの初期状態の画面を確認します。「username」と「pass word」の入力を求められますが、実装状況を確認するためだけにあるので、ランダムにusernameとパスワードを入力すれば認証されます。認証後の画面も確認しておき、これでセットアップは完了です。

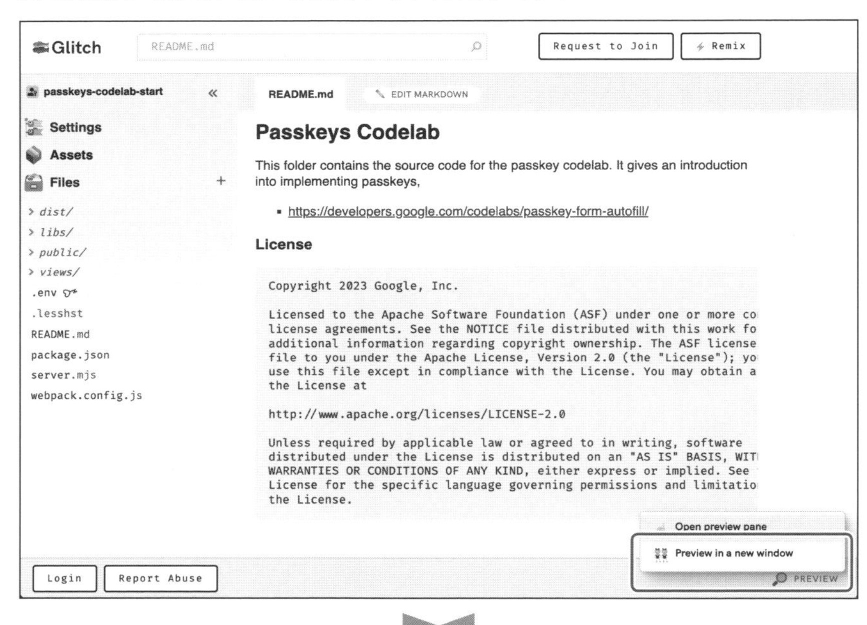

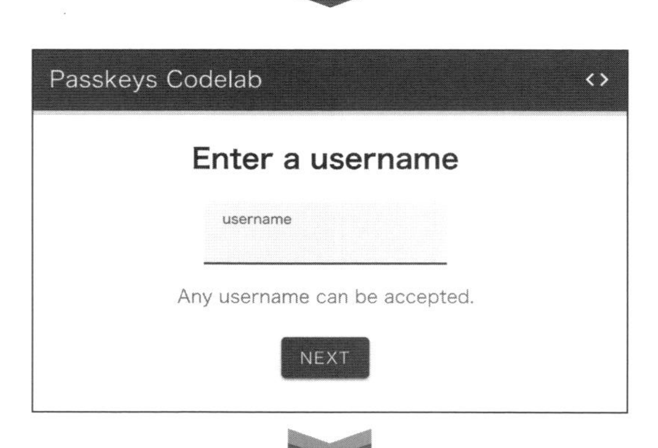

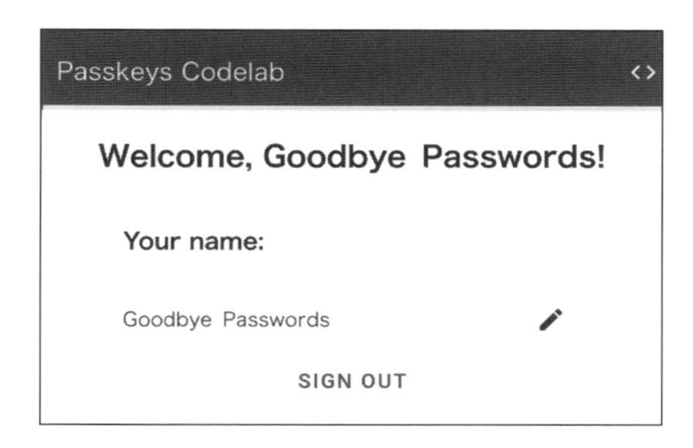

◆ パスキーを作成する機能の追加(「registerCredential()」関数の作成)

はじめに、ユーザーがパスキーを使用して認証できるようにするために、パスキーの作成、登録が必要なため、パスキーで利用する公開鍵をサーバーに保存する機能を実装します。

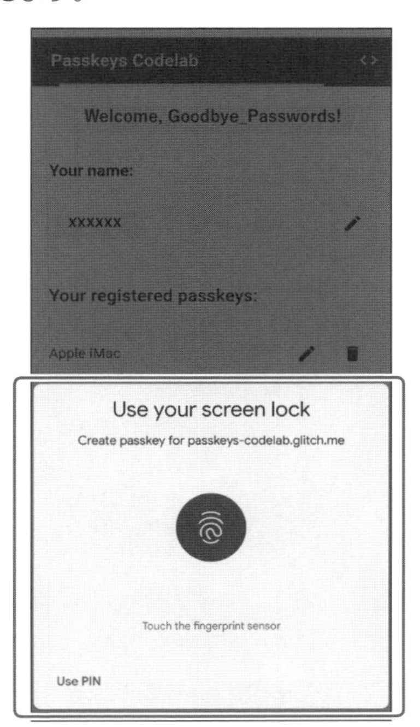

Glitchの左側にディレクトリ構成があるので、`public/client.js` ファイルを開きます。

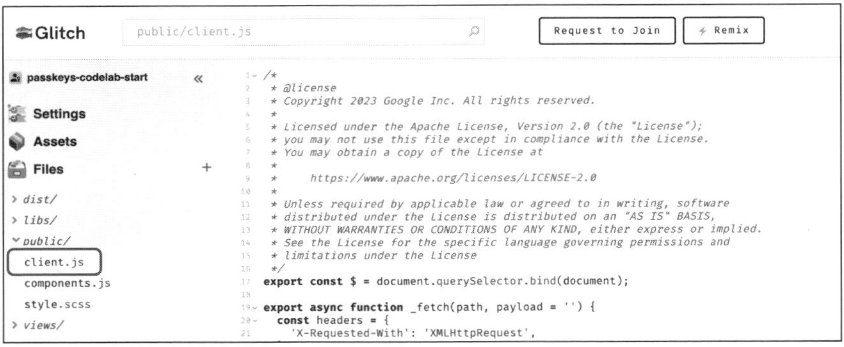

Glitch　public/client.js　Request to Join　Remix

passkeys-codelab-start
Settings
Assets
Files
> dist/
> libs/
v public/
client.js
components.js
style.scss
> views/

```
/*
 * @license
 * Copyright 2023 Google Inc. All rights reserved.
 *
 * Licensed under the Apache License, Version 2.0 (the "License");
 * you may not use this file except in compliance with the License.
 * You may obtain a copy of the License at
 *
 *     https://www.apache.org/licenses/LICENSE-2.0
 *
 * Unless required by applicable law or agreed to in writing, software
 * distributed under the License is distributed on an "AS IS" BASIS,
 * WITHOUT WARRANTIES OR CONDITIONS OF ANY KIND, either express or implied.
 * See the License for the specific language governing permissions and
 * limitations under the License
 */
export const $ = document.querySelector.bind(document);

export async function _fetch(path, payload = '') {
  const headers = {
    'X-Requested-With': 'XMLHttpRequest',
```

一番下までスクロールし、対応するコメントの後に次の `registerCredential()` 関数を追加します。この関数はサーバー側でパスキーの作成と登録を行います。

```
// TODO: Add an ability to create a passkey: Create the registerCredential()
function.
export async function registerCredential() {

  // TODO: Add an ability to create a passkey: Obtain the challenge and
other options from the server endpoint.

  // TODO: Add an ability to create a passkey: Create a credential.

  // TODO: Add an ability to create a passkey: Register the credential to
the server endpoint.

};
```

サーバーエンドポイントからチャレンジとその他のオプションを取得します。

パスキーを作成する前に、WebAuthnに渡すパラメータ（チャレンジを含む）をサーバーにリクエストする必要があります。WebAuthnは、ユーザーがパスキーを作成し、そのパスキーで認証できるようにするためのブラウザAPIです。コードラボには、これらのパラメータを返すサーバーエンドポイントがすでに用意されています。 `registerCredential()` 関数本体の中の対応するコメントの後に、次のコードを追加します。

```
// TODO: Add an ability to create a passkey: Obtain the challenge and other
options from the server endpoint.
const options = await _fetch('/auth/registerRequest');
```

認証情報を作成します。 `registerCredential()` 関数本体の中の対応するコメントの後で、Base64URLでエンコードされた一部のパラメータをバイナリに戻します。具体的には、`user.id` と `challenge` の文字列、ならびに `excludeCredentials` 配列に含まれる `id` 文字列のインスタンスをバイナリに戻します。

```
// TODO: Add an ability to create a passkey: Create a credential.
// Base64URL decode some values.
options.user.id = base64url.decode(options.user.id);
options.challenge = base64url.decode(options.challenge);

if (options.excludeCredentials) {
  for (let cred of options.excludeCredentials) {
    cred.id = base64url.decode(cred.id);
  }
}
```

次の行で、`authenticatorSelection.authenticatorAttachment` を `"platform"` に、`authenticatorSelection.requireResidentKey` を `true` に設定します。これにより、検出可能な認証情報の機能を持つプラットフォーム認証システム(そのデバイス自体)のみが許容されるようになります。

```
// Use platform authenticator and discoverable credential.
options.authenticatorSelection = {
  authenticatorAttachment: 'platform',
  requireResidentKey: true
}
```

次の行で、`navigator.credentials.create()` メソッドを呼び出して認証情報を作成します。この呼び出しを行うと、ブラウザはデバイスの画面ロックを使用してユーザーの本人確認を試みます。

```
// Invoke the WebAuthn create() method.
const cred = await navigator.credentials.create({
  publicKey: options,
});
```

認証情報をサーバーエンドポイントに登録します。ユーザーが本人確認を行うと、パスキーが作成され、保存されます。Webサイトは、公開鍵が含まれた認証情報オブジェクトを受け取ります。この公開鍵をサーバーに送信してパスキーが登録されます。

認証情報を文字列としてサーバーに送信するため、認証情報のバイナリパラメータをBase64URLとしてエンコードします。

```
// TODO: Add an ability to create a passkey: Register the credential to the
server endpoint.
const credential = {};
credential.id = cred.id;
credential.rawId = cred.id; // Pass a Base64URL encoded ID string.
credential.type = cred.type;

// The authenticatorAttachment string in the PublicKeyCredential object is
a new addition in WebAuthn L3.
if (cred.authenticatorAttachment) {
  credential.authenticatorAttachment = cred.authenticatorAttachment;
}

// Base64URL encode some values.
const clientDataJSON = base64url.encode(cred.response.clientDataJSON);
const attestationObject = base64url.encode(cred.response.attestationObject);

// Obtain transports.
const transports = cred.response.getTransports ? cred.response.
getTransports() : [];

credential.response = {
  clientDataJSON,
  attestationObject,
  transports
};
```

次の行で、オブジェクトをサーバーに送信します。プログラムを実行すると、サーバーは「HTTP code 200」を返します。これは、認証情報が登録されたことを意味します。

```
return await _fetch('/auth/registerResponse', credential);
```

以上で、`registerCredential()` 関数の完成です。

◆パスキーの認証情報の登録と管理を行うためのUI作成

`registerCredential()` 関数を作成後、関数を呼び出すボタンと登録済みのパスキーのリストを表示する実装をします。

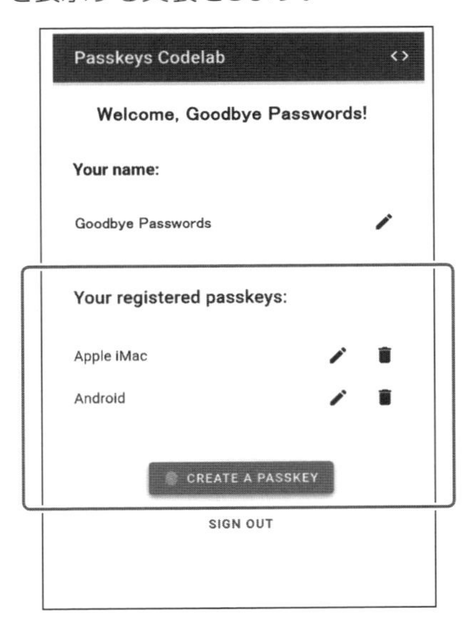

Glitchの左側にディレクトリ構成で、`views/home.html` ファイルを開きます。

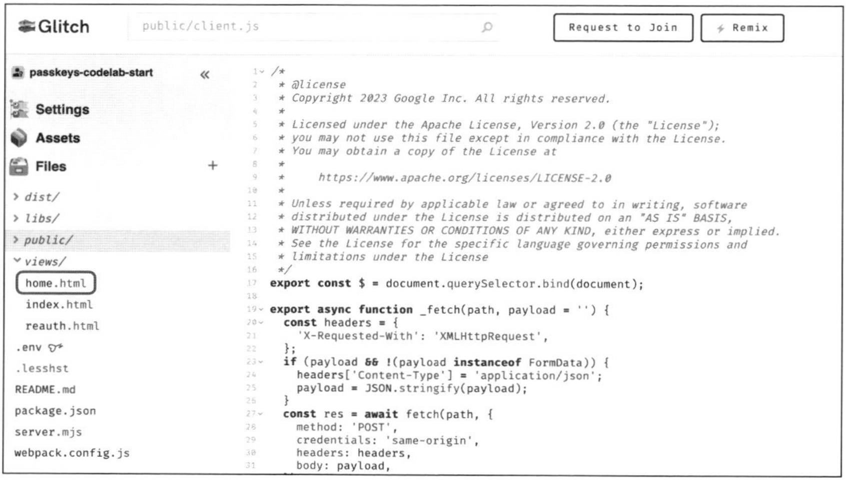

```
Glitch    public/client.js    Request to Join    Remix

passkeys-codelab-start
Settings
Assets
Files
> dist/
> libs/
> public/
v views/
  home.html
  index.html
  reauth.html
.env
.lesshst
README.md
package.json
server.mjs
webpack.config.js

1  /*
2   * @license
3   * Copyright 2023 Google Inc. All rights reserved.
4   *
5   * Licensed under the Apache License, Version 2.0 (the "License");
6   * you may not use this file except in compliance with the License.
7   * You may obtain a copy of the License at
8   *
9   *     https://www.apache.org/licenses/LICENSE-2.0
10  *
11  * Unless required by applicable law or agreed to in writing, software
12  * distributed under the License is distributed on an "AS IS" BASIS,
13  * WITHOUT WARRANTIES OR CONDITIONS OF ANY KIND, either express or implied.
14  * See the License for the specific language governing permissions and
15  * limitations under the License
16  */
17 export const $ = document.querySelector.bind(document);
18
19 export async function _fetch(path, payload = '') {
20   const headers = {
21     'X-Requested-With': 'XMLHttpRequest',
22   };
23   if (payload && !(payload instanceof FormData)) {
24     headers['Content-Type'] = 'application/json';
25     payload = JSON.stringify(payload);
26   }
27   const res = await fetch(path, {
28     method: 'POST',
29     credentials: 'same-origin',
30     headers: headers,
31     body: payload,
```

プレースホルダーのHTMLを追加します。対応するコメントの後に、パスキー登録のボタンとパスキーのリストを表示するUIプレースホルダーを追加します。 `div#list` 要素はリストのプレースホルダーです。

```
<!-- TODO: Add an ability to create a passkey: Add placeholder HTML. -->
<section>
  <h3 class="mdc-typography mdc-typography--headline6"> Your registered
  passkeys:</h3>
  <div id="list"></div>
</section>
<p id="message" class="instructions"></p>
<mwc-button id="create-passkey" class="hidden" icon="fingerprint" raised>
Create a passkey</mwc-button>
```

パスキーのサポート(WebAuthnの利用可否)を確認する仕組みを追加します。

対応するコメントの後に `window.PublicKeyCredential` 、`PublicKeyCredential.isUserVerifyingPlatformAuthenticatorAvailable` 、`PublicKeyCredential.isConditionalMediationAvailable` が `true` であるかどうかを判断する条件文を記述します。

```
// TODO: Add an ability to create a passkey: Check for passkey support.
const createPasskey = $('#create-passkey');
// Feature detections
if (window.PublicKeyCredential &&
    PublicKeyCredential.isUserVerifyingPlatformAuthenticatorAvailable &&
    PublicKeyCredential.isConditionalMediationAvailable) {
```

条件の内部でデバイスがパスキーを作成できるかどうかを確認し、次にフォームの自動入力でパスキーを提示できるかどうかを確認します。

```
try {
  const results = await Promise.all([

    // Is platform authenticator available in this browser?
    PublicKeyCredential.isUserVerifyingPlatformAuthenticatorAvailable(),

    // Is conditional UI available in this browser?
    PublicKeyCredential.isConditionalMediationAvailable()
  ]);
```

すべての条件が満たされている場合は、パスキーを作成するボタンを表示します。それ以外の場合は、警告メッセージを表示します。

```
    if (results.every(r => r === true)) {

      // If conditional UI is available, reveal the Create a passkey button.
      createPasskey.classList.remove('hidden');
    } else {

      // If conditional UI isn't available, show a message.
      $('#message').innerText = 'This device does not support passkeys.';
    }
  } catch (e) {
    console.error(e);
  }
} else {

  // If WebAuthn isn't available, show a message.
  $('#message').innerText = 'This device does not support passkeys.';
}
```

登録済みのパスキーをサーバーから取得しリストにして表示する `renderCredentials()` 関数を定義します。ログインしているユーザーの登録済みのパスキーを取得する `/auth/getKeys` サーバーエンドポイントはコードラボで用意されています。

```
// TODO: Add an ability to create a passkey: Render registered passkeys in
a list.
async function renderCredentials() {
  const res = await _fetch('/auth/getKeys');
  const list = $('#list');
  const creds = html`${res.length > 0 ? html`
    <mwc-list>
      ${res.map(cred => html`
        <mwc-list-item>
          <div class="list-item">
            <div class="entity-name">
              <span>${cred.name || 'Unnamed' }</span>
          </div>
          <div class="buttons">
            <mwc-icon-button data-cred-id="${cred.id}"
            data-name="${cred.name || 'Unnamed' }" @click="${rename}"
            icon="edit"></mwc-icon-button>
            <mwc-icon-button data-cred-id="${cred.id}" @click="${remove}"
            icon="delete"></mwc-icon-button>
          </div>
         </div>
      </mwc-list-item>`)}
  </mwc-list>` : html`
  <mwc-list>
    <mwc-list-item>No credentials found.</mwc-list-item>
  </mwc-list>`}`;
  render(creds, list);
};
```

次の行に `renderCredentials()` 関数を追加します。ユーザーが `/home` ページにアクセスしたら、初期化として `renderCredentials()` 関数を呼び出して、登録済みのパスキーが表示されるようにします。

```
renderCredentials();
```

「Create a passkey」ボタンをクリックしたときに、registerCredential()関数を呼び出し、パスキーを作成して登録するため、registerCredential()関数をトリガーする手順として、ファイル内のプレースホルダーのHTMLの後にある次のimportステートメントを見つけ、本文の最後にregisterCredential()関数を追加します。

```
// TODO: Add an ability to create a passkey: Create and register a passkey.
import {
  $,
  _fetch,
  loading,
  updateCredential,
  unregisterCredential,
  registerCredential
} from '/client.js';
```

ファイル内の対応するコメントの後でregister()関数を定義します。この関数は、registerCredential()関数を呼び出し、ローディングUIを表示し、登録後にrenderCredentials()を呼び出します。これにより、ブラウザでパスキーが作成されていることが明確に示されます。また、問題発生時にはエラーメッセージが表示されます。

```
// TODO: Add an ability to create a passkey: Create and register a passkey.
async function register() {
  try {

    // Start the loading UI.
    loading.start();

    // Start creating a passkey.
    await registerCredential();

    // Stop the loading UI.
    loading.stop();

    // Render the updated passkey list.
    renderCredentials();
```

`register()` 関数の内部で例外をキャッチします。デバイスにパスキーがすでに存在する場合、`navigator.credentials.create()` メソッドは `InvalidStateError` エラーをスローします。これを調べるには `excludeCredentials` 配列を使用します。この場合は、適切なメッセージをユーザーに表示します。

また、ユーザーが認証ダイアログをキャンセルした場合は `NotAllowedError` エラーがスローされます。この場合は、何も表示せずにエラーを無視します。

```
  } catch (e) {

    // Stop the loading UI.
    loading.stop();

    // An InvalidStateError indicates that a passkey already exists on the
device.
    if (e.name === 'InvalidStateError') {
      alert('A passkey already exists for this device.');

    // A NotAllowedError indicates that the user canceled the operation.
    } else if (e.name === 'NotAllowedError') {
      Return;

    // Show other errors in an alert.
    } else {
      alert(e.message);
      console.error(e);
    }
  }
};
```

`register()` 関数の後にある行で、「Create a passkey」ボタンの `click` イベントに `register()` 関数をアタッチします。

```
createPasskey.addEventListener('click', register);
```

◆ パスキーによる認証機能の追加（「authenticate()」関数の作成）

ここまでの実装で、ユーザーはパスキーを作成して登録できるようになります。Webサイトでの安全な認証方法としてパスキーを使用する準備が整いました。後は、パスキーによる認証機能をWebサイトに追加します。

Glitchの左側にあるディレクトリ構成で、`public/client.js` ファイルを開きます。

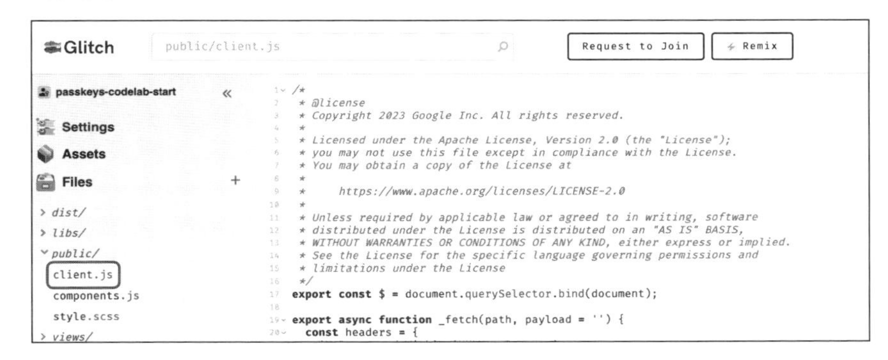

対応するコメントの後に、`authenticate()` という関数を作成します。この関数は、ユーザーをローカルで確認してから、サーバーとの間で確認します。

```
// TODO: Add an ability to authenticate with a passkey: Create the
authenticate() function.
export async function authenticate() {

  // TODO: Add an ability to authenticate with a passkey: Obtain the
challenge and other options from the server endpoint.

  // TODO: Add an ability to authenticate with a passkey: Locally verify the
user and get a credential.

  // TODO: Add an ability to authenticate with a passkey: Verify the
credential.

};
```

ユーザーに認証を求める前に、WebAuthnで渡すパラメータ(チャレンジを含む)をサーバーにリクエストする必要があります。 `authenticate()` 関数の内部の対応するコメントの後で `_fetch()` 関数を呼び出して、サーバーにPOSTリクエストを送信します。

```
// TODO: Add an ability to authenticate with a passkey: Obtain the challenge
and other options from the server endpoint.
const options = await _fetch('/auth/signinRequest');
```

ユーザーをローカルで確認し、認証情報を取得します。`authenticate()` 関数内部の対応するコメントの後で、`challenge` パラメータをバイナリに戻します。

```
// TODO: Add an ability to authenticate with a passkey: Locally verify the
user and get a credential.
// Base64URL decode the challenge.
options.challenge = base64url.decode(options.challenge);
```

`allowCredentials` パラメータに空の配列を渡して、ユーザーが認証を行う際にアカウント選択画面が表示されるようにします。アカウント選択画面では、パスキーとともに保存されているユーザーの情報を使用します。

```
// An empty allowCredentials array invokes an account selector by
discoverable credentials.
options.allowCredentials = [];
```

`mediation: 'conditional'` オプションを指定して `navigator.credentials.get()` メソッドを呼び出します。

```
// Invoke the WebAuthn get() method.
const cred = await navigator.credentials.get({
  publicKey: options,

  // Request a conditional UI.
  mediation: 'conditional'
});
```

認証情報オブジェクトをサーバーに送信するため、まず `authenticate()` 関数内部の対応するコメントの後で、認証情報のバイナリパラメータをエンコードして、文字列としてサーバーに送信できるようにします。

```
// TODO: Add an ability to authenticate with a passkey: Verify the credential.
const credential = {};
credential.id = cred.id;
credential.rawId = cred.id; // Pass a Base64URL encoded ID string.
credential.type = cred.type;

// Base64URL encode some values.
const clientDataJSON = base64url.encode(cred.response.clientDataJSON);
const authenticatorData = base64url.encode(cred.response.authenticatorData);
const signature = base64url.encode(cred.response.signature);
const userHandle = base64url.encode(cred.response.userHandle);

credential.response = {
  clientDataJSON,
  authenticatorData,
  signature,
  userHandle,
};
```

オブジェクトをサーバーに送信します。プログラムを実行すると、サーバーは「HTTP code 200」を返します。これは、認証情報が検証されたことを意味します。

```
return await _fetch(`/auth/signinResponse`, credential);
```

以上で、`authentication()` 関数の完成です。

本節のまとめ

ここまでのコーディングを行うことで下記が実装され、パスキーをサポートするログインを行えるようになります。

- ユーザーがID、パスワードでログイン後、パスキー作成するためのボタン
- 登録済みのパスキーのリストを表示するUI
- パスキーによる認証

コードラボでは、最後の手順として、パスキーへの移行を想定して、ID、パスワードでの認証とパスキーでの認証をログイン時に選択できるようにするためのコーディングが紹介されていますが、実装の動作確認を行いたい場合は、コードラボのサイトで確認してください。

企業規模で異なる展開方法

パスキーの社内展開について、すべての企業で同じような進め方が当てはまるとは限りません。たとえば、中小企業や大企業では、内プロセスなどの違いにより、導入スピードや物事が決められていく速度にも違いがあります。大企業は中小企業に比べ、社内プロセスも多く複雑で、中小企業のようなスピード感で決裁されることはほとんどありません。また、大企業は物事が決められた際の影響範囲も大きく、1度決まってしまったものを軌道修正したり、中止したりすることは困難なことが、スピード感を持った決定を下すことを難しくしており、慎重な判断が求められる一因となっています。

企業規模の違いによって、パスキーの展開方法にも違いがあるため、中小企業と大企業それぞれでの展開方法を紹介します。

中小企業はスモールスタートからの展開

中小企業は、業種によって異なりますが、従業員数は数百人以下、資本金はIT業界であれば3億円以下を中小企業と一般的に定義されています。中小企業の特徴としては、1人ひとりの裁量が大きかったり、小回りが効き、物事が決まるスピードも速かったり、またアットホームな社風の企業があったりと大企業とは大きく違うところがあります。

ただ、経営戦略といったものや新しい技術に触れる機会は大企業と比べて少ないため、パスキーというワードも早い段階から知るというよりも、世の中のトレンドになったり、大企業が導入し始めたり、という状況になってから知り始めることが多いかもしれません。そういった背景もあり、中小企業は、世の中の状況を鑑みながら、その中でパスキーの存在を知り、社内の状況に応じて、導入の検討を開始するといった流れが一般的かもしれません。

1人ひとりの裁量が大きく、物事の決まるスピードも速いとはいえ、世の中で流行っていて、セキュリティ対策として必要性を感じるからといって、すぐに導入が決まるわけではありませんが、大企業に比べれば社内プロセスは複雑ではなく、一般的な検討の流れ（課題整理→情報収集→製品選定→導入活動）に基づいて導入検討が行われていると思います。

ただ、組織的には、大企業のように情報システム部が中心となって社内のIT環境の管理を行うといったことは中小企業では少ないかもしれません。中小企業のIT環境が小規模ということもありますが、人材確保が難しいことも考えられ、IT環境の管理に関しては、総務部といった部署が兼務をしていることがよくあります。そのため、ITリテラシーのある人材が少なく、そもそも企業内のIT環境がどういった状況なのか把握できていないこともよくあります。実際にセキュリティ対策の検討や情報収集をするにしても、その製品がどの程度セキュリティレベルの向上に効果があるのか、評価することも難しく、導入検討が進まないということも珍しくないでしょう。

企業によっては、個人的な興味でITリテラシーの高い従業員が在籍している場合があり、その従業員に製品評価を依頼し、評価した結果、一定のセキュリティレベルや生産性の向上が見込めると判断できれば、導入に踏み切るといったケースを聞くことがあります。こういった場合も含めて、中小企業への導入には試行期間を設け、評価を行いながら、スモールスタートで徐々に導入範囲を広げて展開していく方法がよいでしょう。

◉スモールスタートから展開する流れ

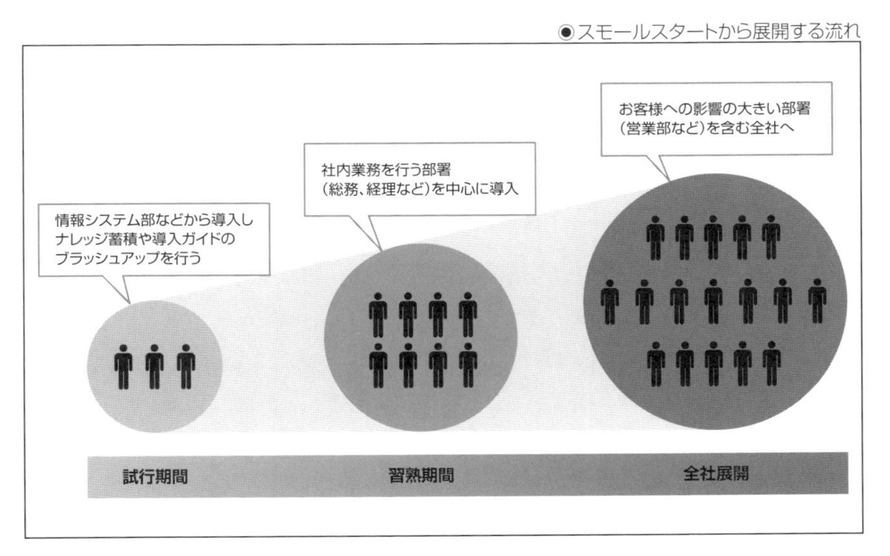

コスト面に関しても、仮に一斉に切り替える方法を取るとなると、一度にある程度のまとまったお金が必要となるので、そういった観点でもスモールスタートで徐々に導入範囲を広げながら、導入の必要性も鑑みて、導入が必須でないと判断した部署については導入せず、必要最低限のコストで導入を完了させるのも1つの選択です。

中小企業は、サプライチェーンのリスク管理として、セキュリティ対策の実施が待ったなしの状況となっていますが、セキュリティ対策をどこまで行うかの判断も難しく、セキュリティに関わるコストが企業経営にインパクトを与える場合もあり、中小企業の実態としては、企業ごとでセキュリティ対策の導入に関する判断に違いがあるのが現実でしょう。

COLUMN

セキュリティ対策の必要性を感じない経営者は20%以上

中小企業のセキュリティ対策の実態として、情報セキュリティ対策の投資を行っていない企業は3割以上あり、セキュリティ対策の必要性を感じたことがない経営者は20.9%いると、IPA(独立行政法人 情報処理推進機構)が行った「中小企業における情報セキュリティ対策に関する実態調査」で結果が出ています。こういった脆弱な状況に攻撃者も目を付け、攻撃の足掛かりとしていることは間違いなく、経営者の意識が変わることがセキュリティ対策の一歩目なのかもしれません。

大企業は認証基盤やOA端末の更改を展開のタイミングに

大企業は、こちらも業種によって異なりますが、一般的な定義としては、従業員数は1000人を超え、資本金は5億円以上とされています。中小企業とは異なり、社員数や資本金だけでなく、組織体制にも大きな違いあります。大企業は、企業や組織が目標に向かって効率よく進むための枠組みとして組織体制を組み、組織の構造や役割分担、意思決定のプロセス、コミュニケーションの方法などを明確に決めています。また、従業員同士が協力してタスクを遂行するためのルールやガイドラインが設けられ、組織全体の方向性を明確にしています。

中小企業のように、1人ひとりの裁量が大きく、物事が決まっていくというよりは、組織的に検討を行い、1つひとつ決めていく方法が取られることが多いため、小回りは効かず、物事が決まるスピードもトントン拍子にはいかないでしょう。

経営戦略は明確に定義され、新しい技術に触れる機会も多く、世の中のトレンドをつかみやすい環境である場合が多いので、パスキーの存在も早い段階で知り、セキュリティ対策の1つとして、中小企業よりも先行して検討が進み、導入するタイミングも比較的早いかもしれません。

ただ、大企業は意思決定のプロセスが複雑化していることが多いため、パスキーのように少額な予算で済む製品は、社内プロセスの手間を考えると、それだけで稟議が上がることは少なく、デバイス端末の更改や認証基盤刷新など、ある程度の大きな予算を必要とするタイミングと合わせて、導入が検討されることが多いと思います。

デバイス端末更改や認証基盤刷新の際には、社内の調査を行い、社内状況を把握するところから準備を開始するでしょうから、社員数が多く、組織構造も複雑で検討準備するにも簡単にはいかないこともあり、またデバイス端末と認証基盤のように、認証、認可の観点で関連性の高いIT環境の対策検討をまとめて行うことで、効率よく検討ができ、社内プロセスや予算確保、要件整理などの点からも最適なタイミングだといえるでしょう。

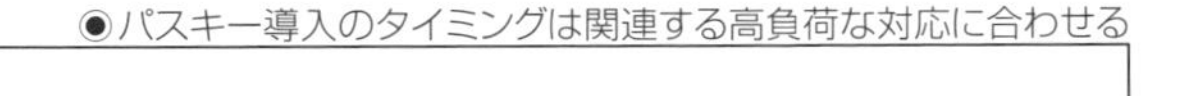
◉パスキー導入のタイミングは関連する高負荷な対応に合わせる

パスキー導入のタイミングの一例
・認証基盤の更改
・デバイス端末の更改

効率的に実施 →

負荷が高い対応
・社内プロセス処理
・予算確保
・要件整理

SECTION-34

本章のまとめ

本章では、導入、展開に関する解説、紹介をしました。認証基盤を運用するシステム管理者やアプリケーションを管理するアプリケーション開発者などがパスキーを導入検討する際に参考となる内容をまとめています。

導入に関しては、多くの企業が利用している認証基盤として代表的なIDaaSサービスにおける事前設定を紹介し、システム管理者側で必要な作業イメージを持てるようにしました。

また、既存システムに実装する上で参考となるコーディングを紹介し、コーディングした結果をすぐに動作環境で体験することで、実装イメージを持てる内容にしました。

そして、パスキーの展開については、企業規模での違いを紹介し、導入、展開を行う上で必要な内容をまとめ、企業へのパスキー導入を検討する際の材料となる内容にしています。

本章を通して、パスキー導入、展開のイメージを膨らませながら、企業ごとに合わせた導入、展開方法を検討してください。

CHAPTER 06 パスキーのその先へ ～認証・認可の未来の姿～

本章の概要

　ここまで、新しい認証方式であるパスキーについて詳しく説明してきました。パスキーの登場で「グッバイパスワード」の時代が到来しましたが、ユーザー識別にはIDが依然として必要です。そして、ブロックチェーンや生成AIなどの新技術の普及に伴い、認証・認可システムはさらに進化しています。

　本章では、パスキーの概念を踏まえて、認証と認可の仕組みを広範に見渡し、パスキーを含むデジタルIDの未来について詳述します。また、パスキーと新しいデジタルIDとの組み合わせの可能性なども探ります。

SECTION-35

デジタルIDとは

デジタルIDについてはさまざまな定義がありますが、一般には、個人や組織がオンライン上でその身元や身分を確認するための電子的な身分証明書のことを意味します。これは電子証明書とも呼ばれ、認証と承認の役割を果たします。デジタルIDには、名前やメールアドレス、識別番号、有効期限などの情報(これらを属性と呼びます)が含まれ、デジタル環境において本人を特定するための情報の集合体と見なされます。

本章では、デジタルIDの未来を探る上で、その位置付けや解釈を少し広げて考える場合があります。たとえば、特定する対象(これを主体またはサブジェクトと呼びます)が個人や組織だけでなく、モノやデータである場合もあります。また、電子証明書に含まれる情報には、データやサービスにアクセスできる権利や資格を証明する情報が含まれる場合などもあります。

SECTION-36

デジタルIDの歴史

デジタルIDはこれまでどのような課題に直面し、どのようにそれらを解決しながら発展してきたのでしょうか。

●デジタルIDが発展した経緯

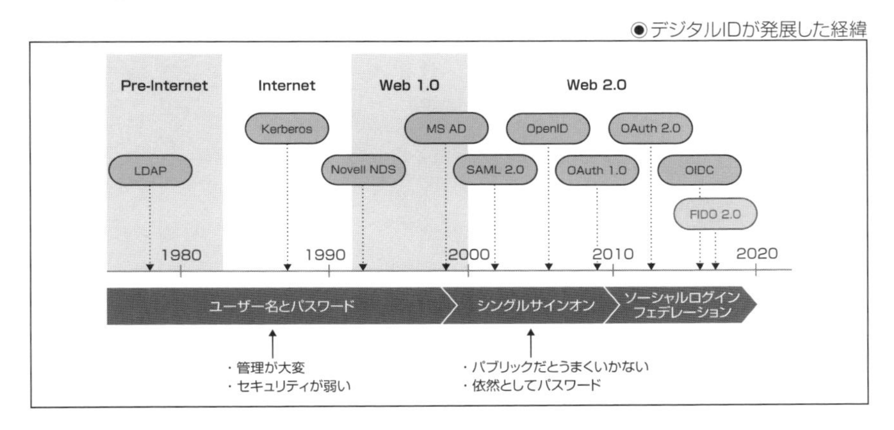

インターネットが普及する前

1990年代のはじめごろまでは、インターネットはまだ大学などの研究機関や一部の企業でのみ利用され、一般には普及していませんでした。エンタープライズ向けのIT機器は、企業内またはある特定の企業の間におけるプライベートなネットワークにより相互接続されていた時代です。当時のPCはまだ単一ユーザー向けで、ユーザー認証の機能はありませんでした。

しかし、企業で利用が進んでいたメインフレームやUNIXワークステーションなどには複数のユーザーがアクセスすることができ、そのユーザー認証には主にユーザーIDとパスワードが用いられていました。そして、個々のユーザーはプライベートなネットワークに接続された端末やワークステーションから複数のメインフレームや他のワークステーションにアクセスしていました。

この時代には、企業内の数多くのコンピューターそれぞれに異なったユーザーIDとパスワードを持たせると管理が煩雑になってしまうという課題がありました。それを解決するために、ユーザー管理を集中的に行う方法としてLightweight Directory Access Protocol(LDAP)やKerberosと呼ばれる仕様が使われていました。これにより、ユーザーは企業内の複数のコンピューターに同じユーザーIDとパスワードでアクセスすることができました。

Web 1.0

1993年にMicrosoft社からWindows NT 3.1というOperating System(OS)がリリースされ、企業向けPCにも、ユーザー認証の機能を用いて複数のユーザーでアクセスできるようになりました。このOSには、複数のサーバーのユーザーをより簡単に集中管理できるWindows Domain Controller(DC)という機能も搭載されました。同じころ、Novell社からもNetwork Directory Services(NDS)という製品がリリースされます。この製品は、企業内のIT資源やユーザーをより安価で簡単に集中管理したいというニーズに応えるものでした。DCとNDS、どちらもLDAPをベースにした仕組みで、認証にはユーザーIDとパスワードを使用しました。

1995年にはMicrosoft社の個人向けOS、Windows 95もマルチユーザーに対応しました。その後、DCは改名され、Windows 2000サーバー以降は、「Active Directory(AD)」と呼ばれるようになります。

このころには一般家庭にもインターネットが普及してきました。World Wide Web(WWW)が登場し、「情報エコノミー」時代の幕開けです。特定のユーザーのみに対してWebサイトへのアクセスを許可するために、Web認証の仕組みが登場しました。

インターネットが普及し始めたころは「ベーシック認証」と呼ばれる仕様がWeb認証に広く用いられていました。これは、ユーザー名とパスワードから生成した認証情報をBase64と呼ばれるエンコード方式で符号化し、HTTP/HTTPSヘッダーで送信するというもので、盗聴に成功すると簡単に復号できました。当時、Digest認証やForm認証など、他にもいくつかWebユーザー認証の仕組みがありましたが、振り返ってみると、どれもセキュリティは現在ほど堅牢ではありませんでした。

この時代はWebの第一世代として「Web1.0」と呼ばれます。このころのWebコンテンツは静的(read-only)で、情報はWebサーバーからの一方向でした。

Web 2.0とAPI

2000年代に入ると、Web向けにアプリケーションプログラミングインターフェース(Web API)と呼ばれる仕組みが広く使われるようになりました。APIとは、異なったプログラム間でデータや処理のやり取りを行うための手順や形式を定めた仕様のことです。Web APIにより、それぞれ独立に開発された複数のWebアプリケーションが簡単に連携し、お互いのサービスやコンテンツを組み合わせて、新しいWebサービスを開発できるようになりました。一般にマッシュアップと呼ばれるもので、たとえば、Google MapsのAPIとOpenWeatherのAPIを利用して地図上に天気を表示するといった具合です。そして、このころのインターネットはWiki、ブログ、SNSのようにユーザーが情報を発信(read-write)できるWebサイトが中心となっていきます。この時代は「Web 2.0」と呼ばれ、インターネットは「ユーザー参加型プラットフォームエコノミー」の時代に移行していきます。

このようなユーザー参加型Webサイトや有料のWeb APIサービス、またオンラインショッピングサイトなどが増えるにつれて、多くのWebサイトで、それまでよりも高度なセキュリティ機能を備えたユーザー登録や認証が求められるようになりました。ユーザーにとってはWebサイトごとにアカウント情報を入力したり数多くのIDとパスワードを管理したりすることが非常に煩わしくなってきました。

これらの課題を解決するために登場したデジタルIDの仕組みが「シングルサインオン(SSO)」や「フェデレーション(連携)」と呼ばれるものです。ユーザーは一度ログインするだけで、APIを介して複数のWebアプリケーションにアクセスしたり、マッシュアップのような、他のWebアプリケーションのデータと連携したりすることが可能になり、利便性が向上しました。

SSOやフェデレーションを実現する仕組みはいくつかありますが、代表的なものとして下記があります。

◆ SAML 2.0

すでにCHAPTER 02で説明したように、SAML認証はSSOを実現する代表的なユーザー認証の仕組みです。Web 2.0の初期に登場しました。

◆ OAuth 2.0

SAMLからしばらくして、OAuthが登場します。この仕様の策定は2000年代半ばにOpenIDファウンデーションによって始められ、2012年にはOAuth 2.0が発表されました。SAMLがユーザーの「認証」の仕組みでSSOを実現するのに対し、OAuthでは「認可」の仕組みを使って複数のアプリケーション間でのフェデレーションを実現します。これは、リソースサーバーと呼ばれるアプリケーションが、そのユーザー認証情報を共有することなく、クライアントと呼ばれる別のアプリケーションにアクセスを許可できるようにする仕組みです。ユーザーはまず、認可サーバーと呼ばれるリソースサーバーがあらかじめ信頼しているサーバーで認証を行い、成功すると認可サーバーがクライアントに「アクセストークン」を発行します。リソースサーバーは、クライアントが正規のアクセストークンを保有していることを確認できるとクライアントにアクセスを許可します。

◆ OpenID Connect

その後、2014年に、OAuthを「認可」のみではなく「認証」にも拡張した仕組みとしてOpenID Connect（OIDC）が発表されました。

OIDCでは、ユーザーはリソースサーバーにアクセスするために、まずアイデンティティプロバイダー（IdP：Identity Provider）またはOpenIDプロバイダーと呼ばれるサーバーに接続してユーザー認証を行い、認証が成功するとクライアントアプリケーションに「IDトークン」が発行されます。一般に、IdPとはユーザーの認証情報を管理し、認証を行う機能を備えたサーバーですが、OIDCをサポートするIdPは認可サーバーとしての機能も備えていて、OAuthの仕様に従い認可のためのアクセストークンも発行します。

このように、OIDCが認証と認可の両方の仕組みを提供することで、ソーシャルログインのような便利な機能が実現されました。ソーシャルログインとは、SNSの認証情報を用いて他のWebサービスにアクセスできる機能です。読者の皆さまにも馴染み深い機能なのではないでしょうか。

SECTION-37

現在のデジタルIDを取り巻く環境と課題点

前節では、FIDOが登場する2010年代中頃までのデジタルIDの歴史を駆け足で見てきました。インターネットは、それが発展する過程でさまざまな課題に直面し、これらの課題をIDの仕組みとWeb技術の両面から解決しながら、よりセキュアで便利な形へと進化してきたことがうかがえます。まさにデジタルIDとWeb技術はお互いに車の両輪だといえそうです。

そこで本節では、デジタルIDの未来を読み解くために、ここ最近の10年間に起こったいくつかの代表的な市場のトレンドと注目すべき新技術を取り上げながら、現在のデジタルIDを取り巻く新しい課題点を整理してみることにします。

◉既存のデジタルIDの課題点

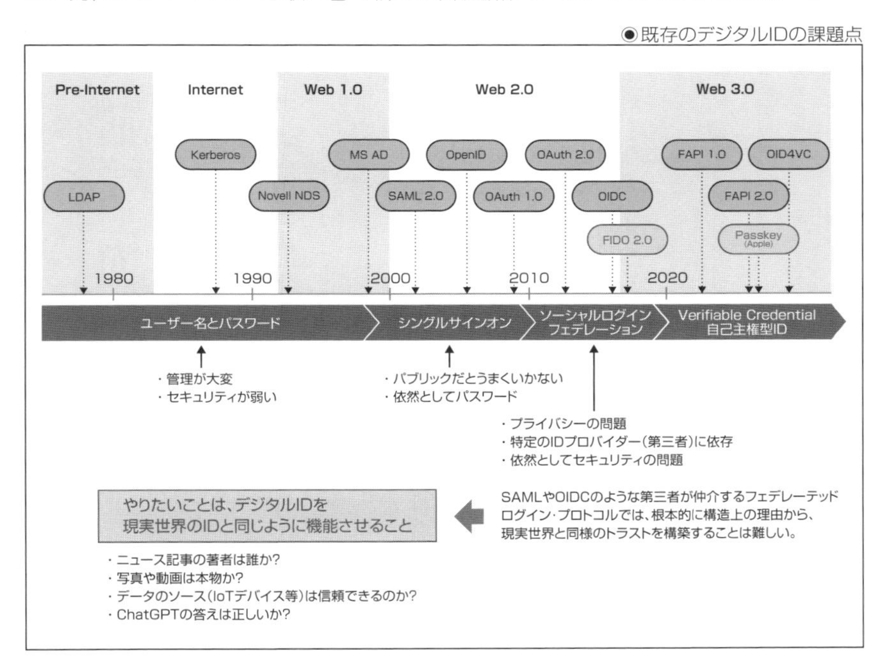

オープンバンキング

金融業界の大きなトレンドの一つとして、斬新で便利な金融サービスを提供するスタートアップ企業の出現が挙げられます。そして従来の銀行もこの変化に適応すべくイノベーションを推進しています。本項では、このような変化に伴って求められるデジタルIDの新たな課題点について考えます。

◆オープンバンキングとは

近年、金融の分野では、「オープンバンキング」や「オープンファイナンス」というキーワードをよく耳にするようになりました。

●オープンバンキングとは

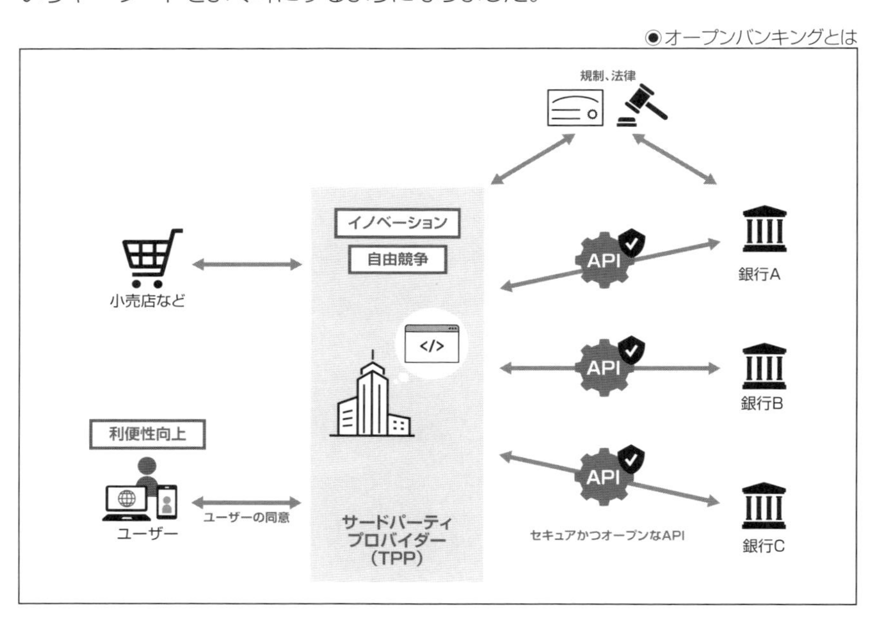

オープンバンキングとは、大雑把に『従来は銀行内部に留めていた顧客データを、オープンなAPIを使い、顧客の同意を得た上で外部ベンダーとセキュアに共有・連携することで、市場の自由競争を促進し、より安価で便利なサービスを顧客に提供することを目指した、そして何よりも顧客のプライバシーを重視したフレームワーク』と言い表せます。

オープンバンキングが登場する以前にも、フィンテック(Fintech)と呼ばれる外部ベンダーにより同様の金融サービスが提供されていました。しかし、銀行のアプリケーションではAPIが利用可能でなかったことなどから、それらのサービスの多くは外部ベンダーが顧客からIDとパスワードを預かり、スクレイピングと呼ばれる手法で銀行の顧客データを取得していました。そのため、パスワードの漏えいリスクやサーバー側のネットワーク負荷の問題がありました。

他にも、Webブラウザやスマートフォンを使った金融アプリケーションやコンビニATMのようなインターネットバンキングと呼ばれるサービスがありました。しかし、これらは外部ベンダーを介さず、銀行が直接提供するサービスであったため大手銀行の寡占問題を引き起こしていました。

この状況を改善するために、2015年に欧州連合(EU)がDirective on Payment Services(PSD2)というオープンバンキングに関する規制を可決しました。これを皮切りに、U.K.オープンバンキングやオーストラリアのConsumer Data Right(CDR)、ブラジルのOpen Financeなど、他の国々にもEUと同じような規制の動きが広がりました。カナダにおいてはこの動きと同調する形で2023年4月、金融機関監督官局(OSFI : Office of the Superintendent of Financial Institutions)が金融機関に対してサードパーティに関するリスク管理(TPRM : Third-party risk management)の責任を強化するガイドラインを発表しました。

今後、このオープンバンキングのフレームワークは、金融アプリケーションのみならず「オープンヘルス」、さらにはより広範に「オープンデータ」にも適用が期待されています。

◆ オープンデータ時代のデジタルID

オープンバンキングでは、許可された特定のサードパーティにのみ、顧客の同意が得られたデータに限ってアクセスや処理が許可されなければなりません。また、多様なハードウェアやソフトウェア、ネットワークで構成される複雑な既存銀行システム環境が、リソースサーバーとして認可サーバーやAPIサーバーを介して外部環境と統合されなければなりません。

オープンバンキングのための認可サーバーには、これらのさまざまな機能要件を満たすことができるように、より柔軟で高度な設計が求められます。そして、その実装と運用管理は大変複雑なものになります。さらに今後は、コスト削減と利便性向上のため、オンライン本人確認(eKYC)機能の統合と自動化も期待されています。

このように、Web認証や認可に関連するAPIの技術仕様も金融アプリケーションに求められる高いセキュリティと多様なプライバシー要件に耐えうるものが必要となってきました。このような市場のニーズに沿う形で、2017年にOpenIDファウンデーションからOAuth/OIDCをベースとしたFinancial-grade APIドラフト版が、そしてその5年後の2022年にはFAPI 2.0が発表されました。以降、インターネット技術特別調査委員会(IETF)からはOAuth/OIDC FAPIに関連する仕様書(RFC[1])が毎年2件から4件のベースで発表され、発展し続けています。

これらにより、たとえば、次のようなセキュリティ対策や機能をサービスプロバイダーなど複数の組織が共通の仕様に則って提供、または利用できます。

- 相互TLS(Transport Layer Security)や証明所有性(DPoP)と呼ばれる認証の仕組みなどを用いることで、認可コード(アクセストークンやIDトークンを取得するために使われるコードのこと)の盗聴や不正使用を防ぎ、ユーザーをクライアントアプリケーションのなりすましや通信データの改ざんから守る。
- さまざまな新しい認可要求パターンをサポートする。たとえば、「Client Initiated Backchannel Authentication Flow - Core (CIBA Core)」と呼ばれる仕組みを用いることで、クライアントアプリケーション(たとえば銀行窓口の端末)が別のデバイス(たとえば顧客のスマートフォン)と連携してユーザー認証をできるようにする。
- ネットワーク攻撃に対する強力な暗号アルゴリズムやTLSバージョンを推奨する。
- IDの本人確認検証に関するメタデータ群をIDトークンなどに追加する。

[1]：IETFは、その技術文書をRFC(Requests for Comments)として公開しています。

COLUMN
オンライン本人確認(eKYC)

KYCとは「Know Your Customer」の略で、本人確認、またはその業務や手続きを指します。これは金融業界においては従来から行われてきた業務です。

1999年に国連総会においてテロ資金供与防止条約が採択されました。そして2001年9月11日のアメリカ同時多発テロ事件がきっかけとなり、日本でも2002年にこの条約を締結しました。さらに翌年の2003年1月には「金融機関等による顧客等の本人確認等及び預金口座等の不正な利用の防止に関する法律」(通称「本人確認法[2]」)が施行され、金融機関などの事業者に本人確認が義務付けられました。この法律は2008年に「犯罪による収益の移転防止に関する法律」(通称「犯罪収益移転防止法[3]」または「犯収法」)に一本化されました。その後、暗号資産がランサムウェアによる身代金支払いに使われるなど、マネーロンダリングやテロ資金供与の手口が巧妙化し、ますますセキュリティのリスクが高まりました。

このような新たな課題に対応するため「犯収法」は2018年に改正され、オンラインで完結可能な本人確認方法(eKYC)が新設されました。

◉オンラインで完結可能な本人確認方法の種類

類型		方法	該当条項(注)
個人顧客向け	本人確認書類を用いた方法	「写真付き本人確認書類の画像」+「容貌の画像」を用いた方法	1号ホ
		「写真付き本人確認書類のICチップ情報」+「容貌の画像」を用いた方法	1号へ
		「本人確認書類の画像又はICチップ情報」+「銀行等への顧客情報の照会」を用いた方法	1号ト(1)
		「本人確認書類の画像又はICチップ情報」+「顧客名義口座への振込み」を用いた方法	1号ト(2)
	電子証明書を用いた方法	「公的個人認証サービスの署名用電子証明書(マイナンバーカードに記録された署名用電子証明書)」を用いた方法	1号ワ
		「民間事業者発行の電子証明書」を用いた方法	1号ヲ・カ
法人顧客向け		「登記情報提供サービスの登記情報」を用いた方法	3号ロ
		「電子認証登記所発行の電子証明書」を用いた方法	3号ホ

(注)いずれも犯罪収益移転防止法施行規則(以下「犯収法規則」)6条1項

※出典:金融庁ホームページ
(https://www.fsa.go.jp/common/law/guide/kakunin-qa.html)

[2]:https://www.fsa.go.jp/houan/154/hou154_01b.html
[3]:https://www.nta.go.jp/taxes/zeirishi/sonota/01.htm

金融庁の参考資料[4](犯罪収益移転防止法におけるオンラインで完結可能な本人確認方法の概要)にeKYCの種類がわかりやすくまとめられています。この改正のおかげで、金融機関などの特定の事業者は、顧客から本人確認用画像情報や写真付き本人確認書類に組み込まれたICチップ情報の送信を受ける方法によりオンラインで本人確認ができるようになりました。

本人確認に関する日本の法整備については、現在でもさらなる活発な議論が進んでいます。2019年にはOpenIDファウンデーション・ジャパンがKYCワーキンググループを設置し、以来、さまざまな活動が行われているようです。また、2023年に行われた金融庁の業界団体との意見交換会の資料[5]によると、最近では運転免許証などを送信する方法などを廃止してマイナンバーカードの公的個人認証へ一本化したり、非対面取引におけるeKYCを廃止したりすることなども検討されているようです。

web3

本項ではまず、前節でお話したWeb 1.0とWeb 2.0につづくインターネットの第三世代、web3が市場にもたらすパラダイムシフトについて考えます。その上で、これがデジタルIDの分野にどのような影響を及ぼすのかについて探ります。

◆巨大IT企業の台頭とプライバシー

ポータルサイトや、オンラインショッピングサイト、SNSなど、さまざまなサービスが登場したことで利便性が大きく向上しました。また、ソーシャルログインサービスによりユーザーは煩雑なIDとパスワードの管理から解放されました。

しかし、2010年代中頃になると、このようなプラットフォーム・サービスが特定の巨大IT企業に集中し、過度に依存するリスクを懸念する声も聞かれるようになりました。たとえば、SNSプラットフォームに蓄積されたユーザーの個人情報がサードパーティと共有されることで、個人のプライバシーが危険にさらされる可能性が指摘されました。

[4]：https://www.fsa.go.jp/common/law/guide/kakunin-qa.html
[5]：https://www.fsa.go.jp/common/ronten/202306/03.pdf

さらに、膨大な量の個人データを分析し利用することで特定の企業が良きにつけ悪しきにつけ大きな社会的影響力を持つ可能性も議論されています。たとえば、ソーシャルログインサービスを提供し巨大なIdPを管理・運営する企業は、ネット検閲やユーザーアカウントの無効化などにより情報へのアクセスや発信をコントロールしたり、停止したりできるようになります。これにより、災害時のように正確な情報の適時な共有が求められる事態には、SNS事業者が適切な対応を行うことで、偽・誤情報の拡散防止が期待できます。しかし一方で、同じ影響力が特定の企業や組織にとって有利になるように広告宣伝やユーザー心理、情報の操作に用いられる可能性もあります。

このような懸念に対処すべく、2016年、ヨーロッパでは欧州連合（EU）が個人データとプライバシーの確保を目的とした、「EU一般データ保護規則（GDPR：General Data Protection Regulation）」を発効しました。これに続き、その他の国々でも同様の動きが見られるようになりました。

◆トークンエコノミー

このころからインターネットは、よりプライバシー重視の非中央集権型な形態を求めるようになりました。Webは「トークンエコノミー」と呼ばれる第3世代、web3の時代へと移行していきます。Web 1.0がread-only、そしてWeb 2.0がread-writeであったのに対して、web3はしばしばread-write-ownの時代といわれます。Web 2.0の時代は、中央集権型のサービスプロバイダーが顧客データやWebコンテンツを所有し、コントロールし、それを利用して収益を上げるビジネスモデルが中心でした。それに対して、プライバシー重視で非中央集権型のweb3は、ユーザーが自分のデータやWebコンテンツ、デジタル資産などを所有しコントロールできるビジネスモデルとなります。

ブロックチェーンと呼ばれる改ざん不可能な分散型台帳技術（DLT：Distributed Ledger Technology）と、スマートコントラクトまたはトークンコントラクトと呼ばれる新機能の登場によりそのような新しいビジネスモデルが可能になりました。スマートコントラクトはデジタル資産や仮想通貨のような価値を、安価に簡単に取引することを可能にします。スマートコントラクトを実装した代表的なブロックチェーンプラットフォームに、2015年にリリースされたイーサリアムがあります。

メタバースのようなweb3の仮想空間では、不動産、金融商品、美術品の取引など、これまで現実世界にしか存在しなかった商品やサービスがデジタルの世界でも実用化されるようになりました。

◆自己主権型ID

従来のITシステムにおけるユーザー確認はパスワードなどの知識情報や秘密鍵のような所持情報で十分であったかもしれません。しかし今後は、このような多様な市場環境の変化を受け、デジタルの世界でも現実の世界と同じような本人確認や資格証明が求められるようになります。

この時期、web3時代の新しい非中央集権型ビジネスモデルへの移行に同調する形で、2016年にクリス・アレンというアーキテクトが「自己主権型ID - 10のプリンシパル」を発表し、デジタルIDの分野でも非中央集権型の考え方が登場しました。

●自己主権型ID – 10のプリンシパル

1. **存在(Existence)**: ユーザーは独立した存在でなければなりません
2. **コントロール(Control)**: ユーザーは自分のアイデンティティをコントロール可能でなければなりません
3. **アクセス(Access)**: ユーザーは自分のデータにアクセスできる必要があります
4. **透明性(Transparency)**: システムとアルゴリズムは透明性を持っていなければなりません
5. **永続性(Persistence)**: アイデンティティは長期間存続している必要があります
6. **移植性(Portability)**: アイデンティティに関する情報とサービスは移植可能でなければなりません
7. **相互運用性(Interoperability)**: アイデンティティは可能な限り広く使用できなければなりません
8. **同意(Consent)**: ユーザーは自分のアイデンティティの使用に同意している必要があります
9. **最小化(Minimization)**: クレームの開示は最小限に抑えられなければなりません
10. **保護(Protection)**: ユーザーの権利は保護されなければなりません

※出典：lifewithalacrity.com(https://github.com/WebOfTrustInfo/self-sovereign-identity/blob/master/self-sovereign-identity-principles.md)(日本語訳は筆者)

自己主権型IDとは、『ネット上でIDの所有者がその情報を自分の意思でコントロールする権利を持つ』という観念的な考え方を示すもの、または、それを実現するための技術やスタンダードを指す場合もあります。

インダストリアルIoT／OT

金融業界のトレンドとしてオープンバンキングの例について前述しましたが、本項では製造業に焦点を当て、近年の新技術の進展とそれに伴う課題やデジタルIDの取り組みについて考察します。

◆ 製造業のDX

「インダストリアルIoT」とは「産業用のモノのインターネット(IoT)」を表す言葉です。また、OTは「オペレーショナルテクノロジー(Operational Technology)」の略で工場などの製造装置をコントロールするシステムや技術のことを指します。2011年にドイツ政府が「インダストリー4.0(I4.0)」を発表して以来、製造業においてもデジタルトランスフォーメーション(DX)[6]への積極的な取り組みが行われるようになりました。それを牽引する技術にインダストリアルIoTとOTが挙げられます。

スマート家電やスマートホーム、コネクテッドカーなどのさまざまなモノやデバイス、さらには産業用制御システムがネットワークで相互接続され、センサーや監視システムから取得した運用データを活用して新しい価値を生み出すようになりました。たとえば、航空機に取り付けられた多くのセンサーデータをAIと産業用デジタルツイン[7]を用いて分析・検証することで、部品の故障を予測して事故を未然に防いだり、計画的に修理して安全性の向上やコスト削減、業務の効率化につなげたりできます。このことを予知保全(Predictive Maintenance)やプロアクティブ保全(Proactive Maintenance)と呼びます。さらには、サプライチェーン管理システムと連携することにより、部品の在庫確認や交換部品の発注業務を自動的に行い、より一層のコスト削減も達成可能です。

◆ OTセキュリティの課題点

モノや産業用制御システムがインターネットを介してITに統合され、お互いにデータを共有することでイノベーションが加速する一方で、サイバー攻撃のリスクが大きく高まるなど新たな課題点も出てきました。OT環境は適切な権限を持つ人のみがアクセスでき、データが漏えいしたり改ざんされたりすることなく、安全に安定してサービスが運用されなければなりません。

---

[6]：経済産業省(https://www.meti.go.jp/policy/it_policy/investment/dgc/dgc2.pdf)はDXの定義を「企業がビジネス環境の激しい変化に対応し、データとデジタル技術を活用して、顧客や社会のニーズをもとに、製品やサービス、ビジネスモデルを変革するとともに、業務そのものや、組織、プロセス、企業文化・風土を変革し、競争上の優位性を確立すること」としています。

[7]：総務省(https://www.soumu.go.jp/hakusho-kids/use/economy/economy_11.html)はデジタルツインを「インターネットに接続した機器などを活用して現実空間の情報を取得し、サイバー空間内に現実空間の環境を再現すること」としています。

このため、OT環境がパブリックネットワークやIT環境に接続されるようになるにつれて、サイバー攻撃に耐えうる、ITシステムと同レベルの高いセキュリティと認証や認可の仕組みが求められるようになってきました。

また、モノやデバイスにはITシステムとは異なった多くの制約や課題があります。たとえば、CPU、メモリ、ネットワーク、消費電力などのシステム資源の容量が小さいことや、長い製品ライフサイクルにより古いソフトウェアやファームウェアを使用しているなどが挙げられます。このため、企業によっては組織のセキュリティポリシーを適用することが難しかったり、インダストリアルIoTやOT向けのセキュリティの規格やガイドラインが存在しなかったりする場合も少なくありません。

◆近年のマシンIDへの取り組み

このような課題に対処するため、いくつかの標準化団体や複数企業によるコンソーシアムが、インダストリアルIoT/OT向けのIDや認証に関する標準化策定およびプラットフォームの提供に向けて取り組みを活発化させています。

● CSA[8]

CSA(Connectivity Standard Alliance)はGoogle、サムソン電子、アップルなどを含む500以上のメンバーで構成される古くからある企業グループで、2002年に設立されました。IoTの認証を含むさまざまな業界統一標準や製品セキュリティ認定プログラムを作成しています。2022年にはスマートホーム機器向けの標準を目指した「Matter」がリリースされました。

● ACE[9]

制約のあるデバイス向けに認証・認可の標準フレームワークを策定するため、2014年、IETFにAuthentication and Authorization for Constrained Environment(ACE)というワーキンググループが設立されました。このワーキンググループではConstrained Application Protocol(CoAP)と呼ばれるIoT向けの通信プロトコル(WebアプリケーションのHTTPに相当するもの)をベースに、セキュアなAPI通信で認証・認可を可能にするさまざまな仕様などを策定中です。次ページの表に、主なものを列挙します。

[8]：https://csa-iot.org/
[9]：https://datatracker.ietf.org/wg/ace/about/

◉IETF ACEワーキンググループによる主なRFC

RFC番号(策定開始年)	概要
RFC#9431(2017年)	ACEフレームワークのMQTT(Message Queuing Telemetry Transport)およびTLS(Transport Layer Security)プロファイル
RFC#9203(2016年)	ACEフレームワークのOSCORE(Object Security for Constrained RESTful Environments)プロファイル
RFC#9202(2016年)	ACEのデータグラムトランスポートレイヤーセキュリティ(DTLS)プロファイル
RFC#9200(2014年)	OAuth 2.0フレームワークを使用するACE(ACE-OAuth)
RFC#8392(2015年)	簡潔バイナリオブジェクト表現(CBOR)ウェブトークン(CWT)

※出典:https://datatracker.ietf.org/wg/ace/documents/(日本語訳は筆者)

● MOBI[10]

MOBI(Mobility Open Blockchain Initiative)は、2018年に設立された世界中の自動車メーカーや交通・運輸関連機関を中心に産官学で構成される非営利のコンソーシアムです。ベンダーや技術に中立な立場で、コネクテッドエコシステムと商用IoT向けに、自己主権型のデータとIDの標準策定やブロックチェーンを用いたプラットフォーム構築を行っています。

● OpenIDファウンデーション

2019年にはOpenIDファウンデーション(OIDF)からOAuth 2.0 Device Authorization Grant(RFC 8628[11])が公開されました。これは、Webブラウザを使えない、または文字入力機能に制限があるモノやデバイスがインターネット経由でユーザー認証を行うための仕様です。このような制限があるデバイスの例として、スマートテレビ、デジタルフォトフレーム、共有プリンターなどが考えられます。このような機器でも、たとえばQRコードなどを使ってスマートフォンなどの別のデバイスからユーザー認証ができるようになります。

CSAやMOBIのように多くの企業が協力し、またACEのようなワーキンググループがIoT/OT向けのセキュリティや認証・認可の標準を推進してきたおかげで、ホームオートメーションやスマートビルディングなどの新しい分野でイノベーションが進んでいます。しかしながら、工場にある産業用制御システムなど、一部の既存資産のDXについてはまだまだ多くの課題が残されているようです。

[10]:https://dlt.mobi/
[11]:https://datatracker.ietf.org/doc/html/rfc8628

生成AI

ブロックチェーンやweb3と並び、近年急速に普及し、私たちの生活に身近になった新技術の1つが生成AIです。本項では、生成AIとデジタルIDとの関連について考察していきます。

◆ディープフェイクの脅威

近年、ディープフェイクといわれる、AIを使った画像や音声などのメディア合成技術の悪用により、本人確認に使用されるような生体認証プロセスに対する脅威が急速に増大しています。たとえば、2024年は世界的な選挙の年といわれ、偽コンテンツが有権者の考え方や決定に影響を及ぼしたり、また、偽IDが候補者や有権者のプライバシーや権利を侵害したりする可能性が指摘されました。

ディープフェイク攻撃には、主に「なりすまし」と不正データの送信による「インジェクション攻撃」と呼ばれる方法の2種類があります。たとえば、認証の際にディープフェイクの画像や映像をセルフィとして使用してなりすましたり、APIやソフトウェア開発キット（SDK）により偽の画像や映像を送信して攻撃したりします。

同年、ミュンヘン安全保障会議において、大手IT企業20社によるAIの悪用による偽コンテンツと戦うための協定が発表されました[12]。これは、主要なWebプラットフォームプロバイダーによる自発的な意思表示として、注目に値するといえます。この協定では7つのプリンシパルゴールが示されましたが、これらのゴールには次の2つが含まれています。

- 来歴（provenance）：適切かつ技術的に可能な場合、デジタル・コンテンツの出どころ（たとえば、所有者情報など）を特定できるように「来歴のしるし」となるものをコンテンツに添付する。
- 検知（detector）：欺瞞的な選挙関連AIコンテンツや、あるいは認証済みコンテンツについてはその真正性を検知する。これには、コンテンツに添付された「来歴のしるし」を異なるプラットフォーム間で横断的に読み取れるようにすることも含む。

[12]：『A Tech Accord to Combat Deceptive Use of AI in 2024 Elections』（https://www.aielectionsaccord.com/uploads/2024/02/A-Tech-Accord-to-Combat-Deceptive-Use-of-AI-in-2024-Elections.FINAL_.pdf）（日本語訳および注は筆者）

◆デジタルコンテンツやデータの真正性

このように、人の本人確認やモノのID認証に加え、Webコンテンツなどのデータについても、その来歴や真正性を確認するためのさまざまな手法が開発されるようになってきました。Webコンテンツの来歴のしるしには電子透かし(digital watermark)をコンテンツに添付したり、APIやSDKのペイロード(システム間で送受信される要求・応答データのこと)に電子署名を含めたりする技術が開発されています。また、人間の検知には、たとえば、顔の小さな動きや皮膚の下の血流など、生理的特性を検出する生体検知と呼ばれる手法が知られています。そして画像については、髪の毛や背景の影などに同一の画像部品がないか、不自然な輝きや反射がないかなどを検出する手法があります。

デジタルIDの最大公約数的課題点

ここまで、近年を代表するIT技術とインターネットの進化、そしてそれに伴って登場した新しいビジネスモデルと脅威について見てきました。これらを改めて整理してみると、下図に示した4つの共通したテーマが浮かび上がってきます。

◉現在のIT技術とインターネットが取り組むべき課題

4つの共通テーマ	オープンバンキング	web3	インダストリアルIoT/OT	生成AI
プライバシー重視と自己主権	・顧客の同意 ・TPP※1を含めたエンタイトルメント管理※2	・デジタル資産やデータの所有権をユーザーが自分のポリシーでコントロール ・仲介者不要の自己主権型ID ・偽・誤情報の拡散防止	・センサーデータや運用データの保護 ・サプライチェーン・エコシステムにおけるマシン同士(M2M)の連携	・偽コンテンツによる情報操作の防止 ・偽IDからプライバシーや人権を保護
現実世界と仮想空間の高度な融合(Society 5.0)	・当人認証からオンライン身元確認へ	・現実世界と同様の本人確認や資格証明 ・現実世界と同様に資産や価値を取引する仕組み	・産業用デジタルツイン ・スマートスペース ・空間コンピューティング	・生体認証プロセスに対する脅威への対策 ・AIバーチャルエージェント
オープンなエコシステムでのより厳格なセキュリティ(機密性、完全性、真正性、責任追及性、否認防止、信頼性)	・セキュアなデータ共有 ・TPPを含めた責任追跡性・否認防止 ・より柔軟で高度な認可サーバー	・オープンで改ざん不可能な技術(ブロックチェーンなど、DLT技術の活用)	・ITと同レベルの高い機密性、完全性、信頼性の確保	・デジタルコンテンツやデータの真正性確保 ・デジタルコンテンツの責任追及性と否認防止の強化(来歴、検知、および検証認定機能)
既存資産の有効活用のための柔軟な相互接続性と標準策定	・APIによる、既存システムと新エコシステムとの相互接続	・オラクル※3、ERC20やERC721※4などに代表される標準	・コンソーシアムによる制約のあるデバイス向けの認証・認可フレームワークや標準の策定と普及	・選挙への偽コンテンツ防止の協定

※1：TPPはサードパーティプロバイダーのこと
※2：エンタイトルメント管理はユーザーがソフトウェアやアプリケーション、サービスを利用できる権利を管理すること
※3：オラクルは独立した複数のブロックチェーンを相互接続する仕組み、またはそれを実現するサービス
※4：ERC20やERC721はイーサリアム・ブロックチェーンのスマートコントラクトにおいてトークンを実装するための仕様

筆者には、同じ時代に登場した異なった技術やビジネスモデルが共通した課題を抱えているのは偶然ではないように思えます。容易な相互接続性を確保するには標準化されたインターフェースの整備は以前から大切でした。また、強いセキュリティとプライバシーの保護も以前から求められていました。ただ、従来と違うのは相互接続されたエコシステムの規模の大きさとそこで共有されるデータ量の多さではないかと思います。モノやサービスがより大きなエコシステムの中で複雑に相互接続され、現実世界とサイバー空間の境界がかすんでいき、さまざまなデータが多様な形で共有されるようになってくると、インターフェースの標準化、強いセキュリティとプライバシーの保護が以前にも増して重要だということではないでしょうか。

これからのデジタルIDは、プライバシー重視で自己主権的、なおかつ現実世界と仮想空間が高度に融合された人間中心の未来社会、まさに「Society 5.0」を十分にサポートできるものでなければならないといえそうです。

内閣府のホームページ[13]では、Society 5.0を情報社会に続く新たな未来社会の姿として、『サイバー空間とフィジカル空間を高度に融合させたシステムにより、経済発展と社会的課題の解決を両立する人間中心の社会』と表現しています。

また、Society 5.0の実現については、『国内外の情勢変化を踏まえて具体化させていく必要がある』とし、そして、『新たな技術を社会で活用するにあたり生じるELSI[14]に対応するためには、俯瞰的な視野で物事を捉え、自然科学、人文、社会科学も含めた「総合知」を活用できる仕組みの構築が求められています。』と説明しています。

デジタルIDイノベーションにとっての成功の鍵は、オープンなエコシステムにおける相互接続性や、既存資産の有効活用のための下位互換性をできる限り保ちつつ、より強靭で持続可能なセキュリティを実現することなのではないかと筆者は思います。

[13]：https://www8.cao.go.jp/cstp/society5_0/
[14]：ELSIは、「Ethical, Legal and Social Implications/Issues」の略で、倫理的・法的・社会的な課題のこと。

SECTION-38

現実世界のアイデンティティとトラストモデル

Society 5.0のような未来社会を支えるデジタルIDとはどのようなものなのでしょうか。それを読み解くために、本節ではまず、現実世界におけるトラストがどのように働いているかについて探究します。

現実世界のトラストとは

いよいよデジタルIDの未来を考えたいところですが、その前に、「サイバー空間とフィジカル空間を高度に融合させたシステム」に求められるデジタルIDとは何かについて理解したいと思います。本項では、その前提として、そもそも現実世界で人がどのようにしてお互いを認識し、信用(トラスト)しているのか、その仕組みについて考えてみます。

●現実世界のトラスト

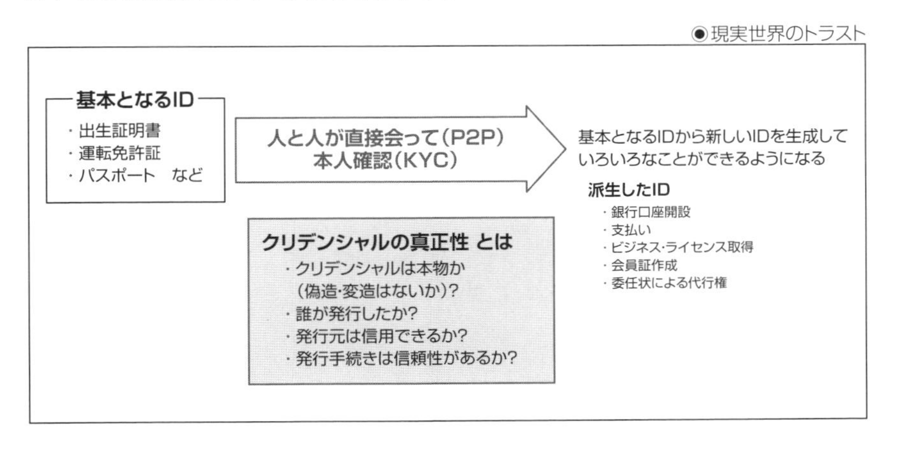

◆人と人が直接会って本人確認

たとえば、私たちが家族や友達と直接会うとき、人は相手の顔や声などでお互いを認識できます。多くの人は初対面の人をすぐに信用することはなかなかできませんが、会話や行動を通じて相手のことを知ることで、次第に信用できるようになっていきます。また、ある人(たとえば佐藤さん)が別の人(たとえば鈴木さん)を信用するようになったからといって、必ずしもその逆、鈴木さんが佐藤さんを信用しているとは限りません。このように、現実の世界では、信用は相手と交流(一対一)した経験(コンテキスト)をもとに築かれ、一方向的な性質があるといえそうです。

◆ 推移的な信用(transitive trust)

初対面でも、信用できる友達に紹介されたり、名刺交換で相手の職業がわかったりすると相手をある程度信用できる場合があります。また、銀行口座を開設するようなとき、銀行は顧客のことを何も知らないかもしれませんが、顧客が運転免許証などを提示することで名前や住所などの身元を信用してくれます。このように信用できる人や証明できるものを介しての信用を「推移的な信用(transitive trust)」と呼びます。

◆ 基本となるIDと派生したID

多くの国では一般に運転免許証の他にも出生証明書、パスポート、保険証などの公的な文書を身分証明書(基本となるID)として認めて、それを提示することで、各個人が必要な情報やサービスにアクセスできるようになります。このような基本となるIDはさまざまなライセンスの取得や会員登録などの際の身元確認にも利用され、ライセンス証書や会員証など新しい資格証明書(派生したID)が発行されます。そして、この1つまたは複数の派生したIDからさらにまた新しいIDが発行されることもあります。これを「トラストチェーン」と呼びます。このように証明書にも人が信用するのと似たような「推移的な信用」という性質があるようです。

◆ クリデンシャルの真正性

では、信用できる資格証明書(以降、クリデンシャルと呼びます)とはどのようなものでしょうか。紙幣の例で考えるとわかりやすいかもしれません。紙幣は本物か(3Dホログラム、マイクロ文字、特殊インキなど)、誰が発行したか(日本銀行)、発行元は信用できるか(日本政府が保証)、発行手続きは信頼性があるかなど、いくつかのことを確認することで紙幣を信用することができます。クリデンシャルについても同様のことが確認できればその真正性を担保できるといえそうです。

現実世界のトラストモデル

Trust Over IP Foundation(ToIP)という標準化団体が、前項で見てきた現実世界での信用の仕組みを、ガバナンスも含めて、シンプルなモデルで定義しています。

◆ クリデンシャルの3つの役割(ロール)

私たちはインターネットが登場するずっと前から、さまざまなクリデンシャルを用いてきました。これらのクリデンシャルに記録されている属性は、それを確認・検証する人が信用して初めてその役割を果たします。

●現実世界のトラストダイヤモンド

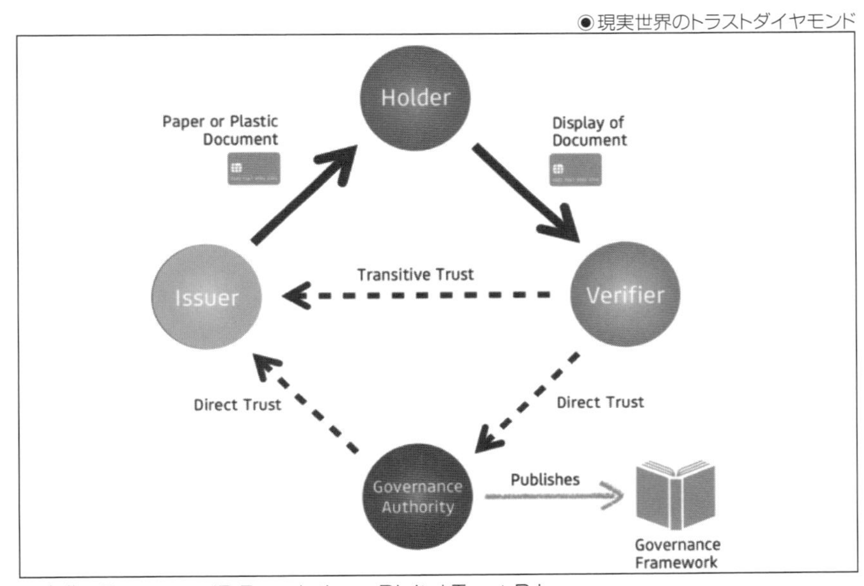

※出典：Trust over IP Foundation – Digital Trust Primer
(https://trustoverip.org/wp-content/uploads/Digital-Trust-A-Trust-Over-IP-Foundation-Primer-V2.1-2020-04-01.pdf)

このモデルでは、どんなクリデンシャルでも次の3つの役割(ロール)が必要であるとしています。

● 発行者(Issuer)

クリデンシャルの発行者です。たとえば運転免許証の場合には都道府県公安委員会が発行者となります。また、学生証の場合には学校が、社員証の場合には会社が発行者という具合です。

● 所有者(Holder)

クリデンシャルの所有者です。運転免許証の例では、免許証を所持する車のドライバーを指します。学生証や社員証の例では、学生や社員が所有者となります。

● 検証者(Verifier)

いずれかの理由によりクリデンシャルの所有者の資格情報を確認・検証する必要がある人のことを検証者と呼びます。たとえば、警察官が交通違反の取締中に運転免許証の提示を求めたり、学校や会社の施設に出入館する際に出入り口で警備員が学生証や社員証を確認したりする場合には、警察官や警備員が検証者となります。

前ページの図において、この3つのロールからなる「三角形」は「クリデンシャルトラストトライアングル」として知られています。2つの実線の矢印は、信用が「一対一」でかつ「一方向的」であることを表しています。そして検証者から発行者に向けた点線の矢印は、前項で説明した「推移的な信用(transitive trust)」を表しています。これはすなわち、所有者のクリデンシャルを検証者が信用できるためには、検証者が発行者をあらかじめ信用していることが前提となることを意味します。

◆トラストダイヤモンド

前項で説明した「クリデンシャルトラストトライアングル」(図中の上半分)に比べて、2つ目の三角形「ガバナンストラストトライアングル」(図中の下半分)は一般にそれほど知られていないかもしれません。発行者が少ない場合にはガバナンスはそれほど重要ではないかもしれませんが、たとえば、パスポートのように、多くの国が発行するようになると、適切な権限を持った組織による一定のルールやフレームワークに沿った運営が必要になります。パスポートの例では、国際民間航空機関(ICAO : International Civil Aviation Organization)がガイドラインを発行しています。この2つのトライアングルを合わせて、「トラストダイヤモンド」と呼びます。

SECTION-39
デジタルクリデンシャルを構成する主な技術要素

現実世界のトラストは、仲介者なしにそれぞれが自分の基準(ポリシー)で相手を信頼する自然でわかりやすいPeer-to-Peer(P2P)のモデルであるといえそうです。そして、仲介者不要とは言いながらも、クリデンシャルの発行者が多くなったり、前節で説明した「トラストチェーン」が長くなったりすると、適切なガバナンスが必要になってくることがわかりました。

では、このようなトラストモデルをデジタルの世界で実現し、そして現実世界と高度に融合するためにはどのようにすればよいでしょうか。

本節では、このような要件を満たすデジタルIDに必要な主な技術要素について見ていきます。

Verifiable Credential(VC)

インターネットでも現実世界と同じように資格または属性や証明書を扱えるようにするため、2017年にWorld Wide Web Consortium(W3C)がその標準仕様となるべき最初のドラフトとして、「Verifiable Claims Data Model and Representations」(後のVerifiable Credentials Data Model)を発表しました。2024年10月時点で、W3C勧告候補のバージョン2.0[15]が発表されています。これは暗号化技術を用い、より安全かつプライバシーが尊重され、機械で検証可能な形で資格や属性の情報を表現するための仕様です。これを実現する重要な技術要素として「検証可能なクリデンシャル(VC:Verifiable Credential)」があります。

本項では、このVCを構成する要素について少し詳しく見ていきます。

前節で説明したクリデンシャルの3つのロールの間でやり取りされるデータは、デジタルの世界では、「クレーム」「クリデンシャル」「プレゼンテーション」の3つの要素で構成されます。

[15]:https://www.w3.org/TR/vc-data-model-2.0/

◆クレーム

運転免許証、年齢証明、教育資格、医療データなどの資格や属性の情報は、「検証可能なクレーム(Verifiable Claim)」と呼ばれるもので表現されます。そして、そのクレームの対象となるものを「主体(サブジェクト)」と呼びます。多くの場合、クリデンシャルの所有者(ホルダー)がサブジェクトとなりますが、ホルダーはサブジェクトの代理人である場合もあります。

◉検証可能なクレーム

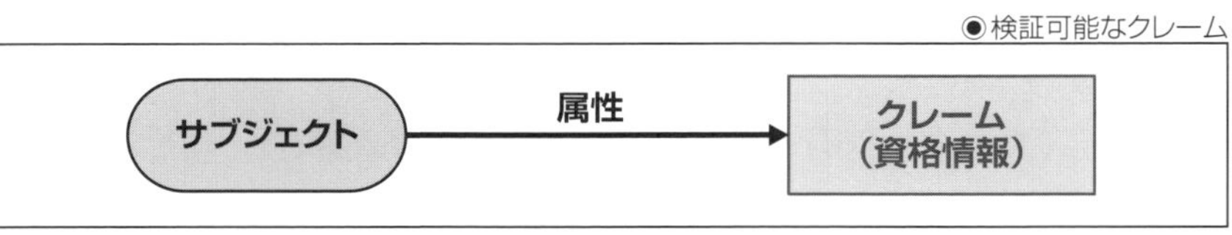

※参考:W3C Verifiable Credentials Data Model v2.0
(https://www.w3.org/TR/vc-data-model-2.0/)

下図に示すように、お互いに関係のあるクレームを「ナレッジグラフ」形式でつなぎその関連性を表すことが可能です。一般に、ナレッジグラフとは、知識(ナレッジ)の関係をグラフ構造で表したものです。

◉クレームの例

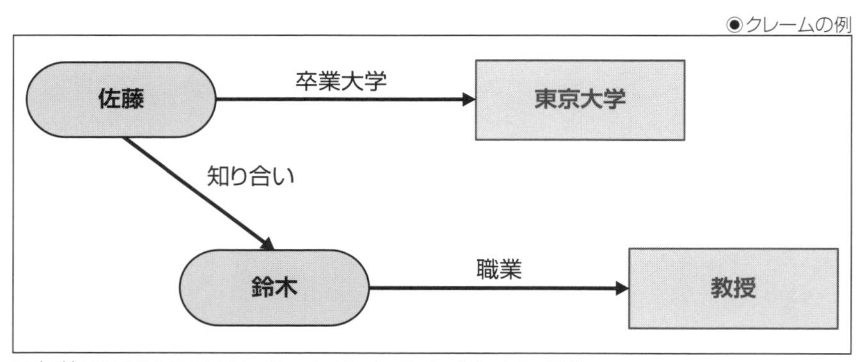

※参考:W3C Verifiable Credentials Data Model v2.0
(https://www.w3.org/TR/vc-data-model-2.0/)

◆ クリデンシャル

クリデンシャルの発行者が検証可能なクレームをクリデンシャルの所有者に送る際には、電子署名などの他のデータ（これをプルーフと呼び、証明または証拠を意味します）とあわせて、検証可能なクリデンシャル（VC：Verifiable Credential）という形にして送信します。1つのVCには、同じサブジェクトに関する1つまたは複数のクレームが含まれます。

◉検証可能なクリデンシャル

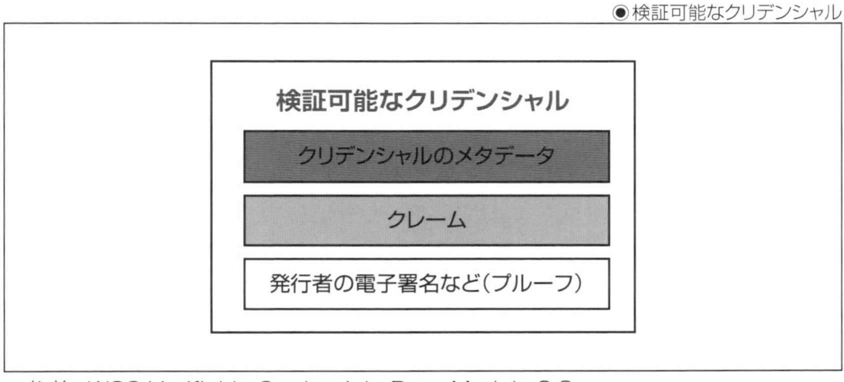

※参考：W3C Verifiable Credentials Data Model v2.0
（https://www.w3.org/TR/vc-data-model-2.0/）

◆ プレゼンテーション

検証者が所有者にVCの開示要求をした際には、所有者は所有者の電子署名などの他のデータとあわせて検証可能なプレゼンテーション（VP：Verifiable Presentation）という形で送信します。

◉検証可能なプレゼンテーション

検証可能なプレゼンテーション
開示のメタデータ
検証可能なクリデンシャル
所有者の電子署名など（プルーフ）

※参考：W3C Verifiable Credentials Data Model v2.0
（https://www.w3.org/TR/vc-data-model-2.0/）

Decentralized Identifier(DID)

DID(「ディッド」と読みます)とは分散型デジタルID用に考え出されたグローバルに一意な識別子のことです。識別子とは一般には、複数の対象からある特定の対象を一意的に区別する目的で使われます。VCにおいては、DIDをサブジェクトに関連付けることで、サブジェクトを一意に識別するIDとして機能します。Webページなどを一意に指定する目的で使われているUniform Resource Locator(URL)をもとにしており、移植性が高いIDです。また、パスやクエリーなどの書式も一般的なURLと同様に使うことができます。

インターネットではそれまで、IPアドレスやドメイン名などのグローバルに一意な識別子は集中管理が必要でした。現実世界と同じようなトラストモデルを実現するためには、従来とは違った、仲介者に依存せずにIDを管理できる仕組みが必要になります。2010年代中頃、はじめはRebooting the Web of Trust(RWOT)を含むいくつかの団体が別々にこの課題に取り組み始めたそうですが(参考:DID Primer @ RWOT[16])、その後、2022年にW3CのDID Working Groupが最初のW3C勧告としてDIDs v1.0[17]の仕様をリリースしました。

●UUIDとDIDノフォーマット

※出典:DID Primer(https://github.com/WebOfTrustInfo/rwot5-boston/blob/master/topics-and-advance-readings/did-primer.md#the-format-of-a-did)

[16]:https://github.com/WebOfTrustInfo/rwot5-boston/blob/master/topics-and-advance-readings/did-primer.md
[17]:https://www.w3.org/TR/did-core/

前ページの図の例にあるように、DIDのフォーマットはUUIDにとてもよく似ています。UUIDとは「Universally Unique Identifier」の略で、1990年代に分散システム環境でソフトウェアオブジェクトの識別子として標準化されました。IETFでその仕様(RFC 9562[18])が定められています。DIDの「メソッド」とはクリデンシャルの検証に必要なメタデータを定義したものです。例外もありますが、DIDの多くは、ブロックチェーン、分散型データベース、またはWebサーバーなどで実装された検証可能データレジストリ(VDR：Verifiable Data Registry)と呼ばれるレジストリに格納されます。どのVDRに格納されるかという情報は、前ページの図にあるようにメソッドとしてDIDに指定されます。これにより、クリデンシャルはそれを再発行することなく複数のVDRに対応できる(高移植性)ようになります。2024年の時点で約200種類近くのメソッドが存在しています。

DNSリゾルバがドメイン名をもとにIPアドレスを取得するように、DIDもDIDリゾルバにより「DIDドキュメント」と呼ばれるものを取得します。DIDドキュメントには、サブジェクトに関するメタデータが記述されています。メタデータには、たとえば、電子署名アルゴリズム、公開鍵、鍵交換のアルゴリズムなどが含まれます。

Decentralized PKI(DPKI)

DIDはIDの集中管理依存という課題を解決しただけではなく、それまで公開鍵基盤(Public Key Infrastructure)に必要な暗号鍵管理が、認証局(CA：Certificate Authority)に依存し集中管理されていたという課題も解決しました。前章でも説明したように、Public Key Infrastructure(PKI)とは公開鍵暗号方式と呼ばれる暗号化と復号の仕組みや電子署名に用いられる技術で、この技術には公開鍵と秘密鍵のペアが用いられます。そして、ドメイン名やVCのクレームがその所有者やサブジェクトに関連付けられることが必要なのと同様に、公開鍵もその所有者との紐付けが何らかの形で保証されなければなりません。その仕組みを実現しているのがCAです。公開鍵暗号方式は、たとえば、セキュアなWeb通信プロトコル(HTTPS)などに用いられます。WebサーバーにCAが発行したデジタル証明書をインストールすることにより、Webブラウザはサーバーの所有者を確認することができ、そのサーバーを信用することができるようになります。

[18]：https://datatracker.ietf.org/doc/html/rfc9562

DIDの登場で、サブジェクトに関連付けられた公開鍵を分散型のVDRに格納することにより、CAのような集中管理に依存しないPKI、すなわち分散型PKI（DPKI）が可能になりました。

IPアドレスとPublic Key Infrastructure（PKI）がセキュアなWebトラフィックに重要なのと同様に、DIDとDecentralized PKI（DPKI）は分散型デジタルIDにとても重要な技術要素です。

VCエコシステム

これまでVCに関わる下記の5つのロールが登場しました。

- 発行者（Issuer）
- 所有者（Holder）
- 検証者（Verifier）
- 主体またはサブジェクト（Subject）
- 検証可能データレジストリ（VDR）

本項では、これらのロールがお互いにどのように連携してVCのエコシステムを形成しているのかについて整理します。

●VCエコシステムにおけるロール間での情報の流れ

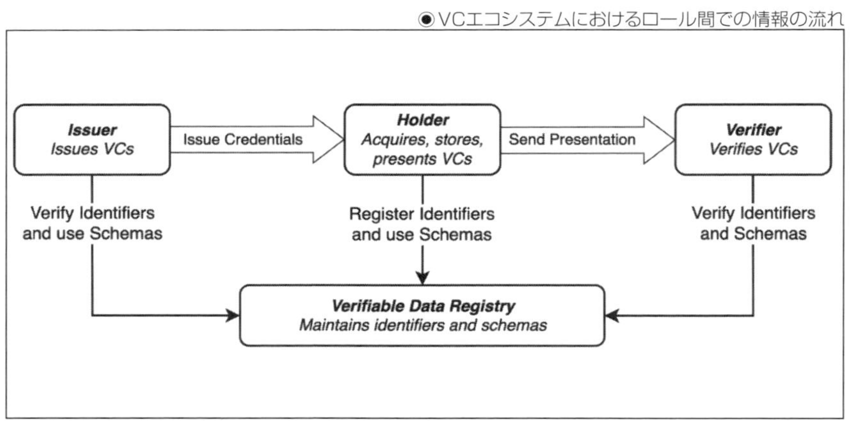

※出典：W3C Verifiable Credentials Data Model v2.0
（https://www.w3.org/TR/vc-data-model-2.0/#ecosystem-overview）

前ページの図は、それぞれのロールとその間でやり取りされる情報の流れを示しています。まず、発行者や所有者は事前登録プロセスなどを介して自分のDIDをVDRに書き込みます。次に、発行者は自分の秘密鍵でVCに電子署名をして、所有者にVCを発行します。これはプライバシーの理由からP2Pで行われます。所有者は受け取ったVCを後項で説明するデジタルIDウォレット（デジタルの財布）に保管します。検証者が所有者にVCの開示要求を行うと、所有者が開示に同意した場合に限り、検証者は「検証可能なプレゼンテーション」を受け取ることができます。前述したように、その「検証可能なプレゼンテーション」にはVCに加えて所有者の電子署名などの「プルーフ」が含まれています。プレゼンテーションには発行者のDID情報が含まれているので、検証者はVDRに問い合わせを行うことで、発行者の公開鍵を入手してプレゼンテーションが信用できるものであることを確認し、VCを読むことができます。

このように、VDRはDID、公開鍵、電子署名、その他VCに含まれるさまざまなメタデータを作成したり検証したりするのを仲介する役割を担います。VDRの実装にはブロックチェーン技術を用いるものが多くありますが、前項でも少し触れたように、必ずしも分散型である必要はありません。

これら5つのロール間でのVCやDIDのやり取りの仕組みには、従来の認証・認可の仕組みにはないいくつかの重要なポイントがあります。その中で一番大きな点は、検証者は、発行者に直接確認しなくても、所有者のクリデンシャルが正しい発行者により発行されたものであることを確認できるということです。これにより所有者と検証者のプライバシーが向上します。そしてこれが、分散型IDと従来のフェデレーション型IDの大きな違いの1つともいえます。

VDRのタイプ

前項でVDRの実装は必ずしも分散型である必要はないという説明をしましたが、それではVDRにはどのようなタイプがあるのでしょうか。本項では、実際に使われている主なVDRやDIDの例とともにVDRのタイプを整理してみます。

●タイプ別VDR／DIDメソッドの例

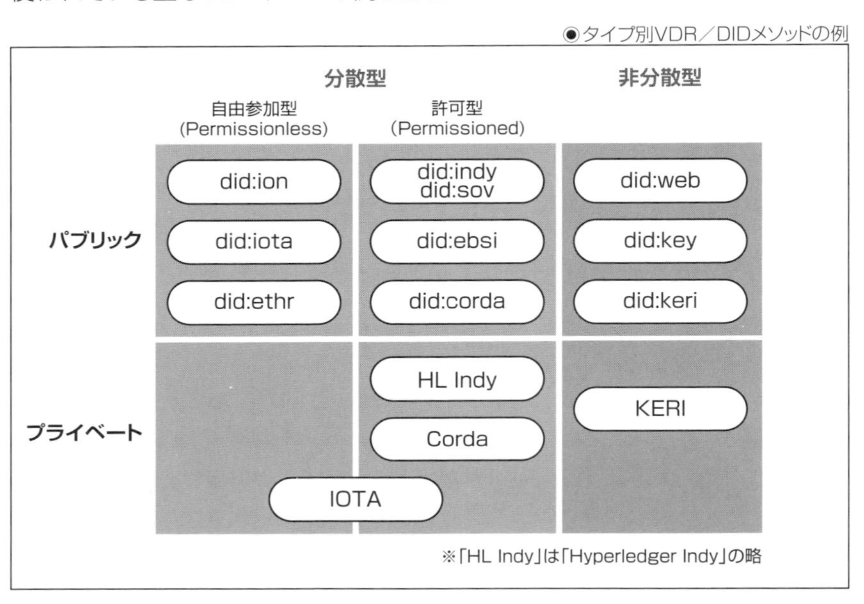

分散型のVDRは主にブロックチェーンなどのDLT技術を用います。一般に、ブロックチェーンは自由参加型(Permissionless)と許可型(Permissioned)との2つのタイプに大きく分けられます。Permissionless型ではブロックチェーンネットワークに参加するために管理者の承認を得る必要がありません。例として仮想通貨で有名なビットコインやイーサリアムなどのプラットフォームが挙げられます。誰でもユーザーとして、またはプラットフォームを構成するサーバー(ノード)としてブロックチェーンのネットワークに参加することが可能です。それに対し、Permissioned型ではネットワークに参加するために、まず許可を得ることが必要となります。エンタープライズ向けのアプリケーションでは、より高いレベルのコンプライアンスなどが求められることが多いため、Permissionless型が必ずしも望ましいとは限りません。Permission型では改ざん防止や分散型というブロックチェーンの機能を活かしつつPermissionless型よりもガバナンスが容易になるという利点があります。

また、DNSサーバーやIPアドレスがパブリックとプライベートのそれぞれの環境で構築できるように、ブロックチェーンもパブリックとプライベートのどちらの環境でも運用できます。プライベートのブロックチェーンを使えば、社内や複数の限られた組織(コンソーシアム)のみに限定して利用することができるようになります。

分散型のVDRの中には、たとえばdid:ionメソッドのようにブロックチェーンを直接使わないメソッドもあります。このdid:ionメソッドでは、Identity Overlay Network(ION)と呼ばれる、ビットコインネットワークの「サイドツリー」として実装されたネットワークにDIDを格納しています。ブロックチェーンを使わないサイドツリーを活用して、1ビットコイン・トランザクションあたり約1万件のDID/DPKIオペレーションをバッチ処理することでコストを大幅に削減することに成功しています。

一方、非分散型のVDRの中には、did:webメソッドのようにWebサーバーやクラウドで提供されるオブジェクトストレージにDIDを格納するものがあります。このDIDメソッドは安価に実装でき、また、開発者にとって理解しやすいため人気があります。しかしその一方で、DNSのセキュリティの問題点や利用するWebサーバーに虚弱性があった場合にはそのリスクをそのまま引きずってしまうなどの課題点もあります。この課題を解決するために、DIDの文字列に自己発行の証明書を付加することでセキュリティの向上を目指したdid:websと呼ばれるメソッドが提案されています。その他、did:keyメソッドのようにDIDの文字列とDIDドキュメントがDIDのメソッド識別子から導き出せる仕組みになっていて、DIDをデータベースやストレージに格納する必要がないメソッドもあります。このメソッドは公開鍵がVDRに格納されないという点でプライバシー性が高いといえます。

ゼロ知識証明（ZKP）

ゼロ知識証明（ZKP: Zero-knowledge proof）とは、大雑把にいうと「ある主張が妥当であることを、その主張の妥当性以外には何の情報も開示せずに証明すること」です。

◉ ゼロ知識証明

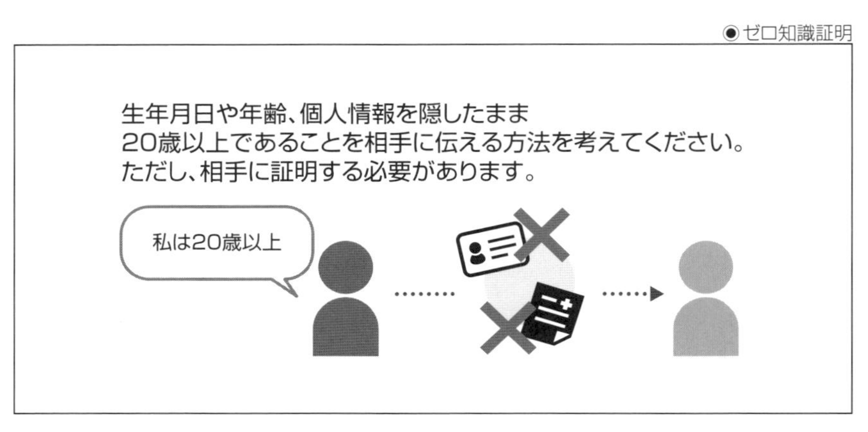

たとえば、モバイル運転免許証のように、VCのクレームにサブジェクトの生年月日があるとします。ZKPを使うと、そのサブジェクト（たとえばお酒の購入者）の生年月日を検証者（たとえばお酒の販売店）に開示せずにそのサブジェクトがお酒を購入する資格を持っている（20歳以上である）という主張が正しいことをVCが持つ検証可能な資格情報をもとに証明することができるようになります。このように、ZKPを使うことはプライバシー向上につながります。

◆ 対話型ゼロ知識証明（iZKP）

ZKPを簡単に理解できる例として、Wikipediaでも取り上げられている、有名な「アリババの洞窟の話」があります。これは1989年にJean-Jacques Quisquaterらによって書かれた「どうやってゼロ知識証明を子供に教えるか」という論文ではじめて紹介されたとされています。この例では、証明者（たとえば検証可能な資格情報の所有者）と検証者が対話的に証明を繰り返すことによって証明者の主張が妥当である確率を十分に大きくする、対話型ゼロ知識証明（iZKP：Interactive ZKP）と呼ばれる証明方法を説明しています（どのように証明するのか、その方法に興味のある方は、ぜひWikipediaをご参照ください）。

◉アリババの洞窟の話

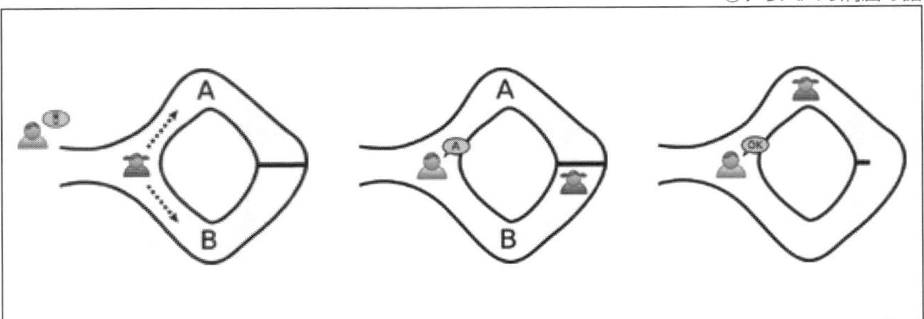

※出典：https://en.wikipedia.org/wiki/Zero-knowledge_proof

◆非対話型ゼロ知識証明(niZKP)

実際には、前項で説明したiZKPではなく、証明者がデータ(Proof)を一度だけ提示する非対話型ゼロ知識証明(niZKP：Non-interactive ZKP)が多く用いられます。現在では、ZKPはさまざまな用途に応用されていますが、niZKPは検証者が複数の場合、たとえばブロックチェーンにおけるトランザクションの検証などに特に有効です。niZKPにはいくつかの手法がありますが、その1つにzk-SNARKがあります。これは「Zero-Knowledge Succinct Non-Interactive Argument of Knowledge」の略です。証明者が提示するデータが簡潔(Succinct)である、つまりそのデータ量が小さいことが特長の1つです。iZKPでは、証明が妥当であるための条件として「確立的に十分大きい」としていましたが、zk-SNARKではそれを、「計算機能力的に十分に健全(Argument of Knowledge)であること」、つまり「秘密を知らない証明者が計算によって秘密を見つけることは現実的に不可能であること」としていることが特徴です。

zk-SNARKを実現する大まかな仕組みの一例として、下記があります。

たとえば、電子署名によく使われるハッシュ関数SHA256を使って任意の数m(たとえば乱数によって生成された数、またはメッセージなどの文字列と数値化したもの)のハッシュ値を求めた計算結果がhであるとします。そして、xとwを入力に持つような演算回路(または関数)C_{hash}において、その入力がx=h, w=mであるときに限ってのみ出力が0になるようなC_{hash}が存在するとします。ここで、xは公開可能な情報、wは所有者のみが知る秘密の情報(witness)です。これは次のように式で表すことができます。

$$C_{hash}(h,m) = (h - SHA256(m)) = 0$$

次に、前処理として、C_{hash}を入力に持つ関数S(C_{hash})を準備します。この関数Sは、2つの出力変数S_pとS_vを持ち、S_pは証明者に渡され、S_vは検証者に渡されるものとします。このとき、証明者はS_p、x、wをもとに主張の妥当性を示す証拠πを作成できる関数Pを、検証者は、S_v、x、πをもとにwを知ることなしに証明者の主張を検証することができる関数Vを持つことができれば、証明者はπを検証者に送り、それをもとに、検証者は証明者がmを知っているという主張を証明者から直接mを受け取ることなく検証することができます。

●zk-SNARKのアプローチ

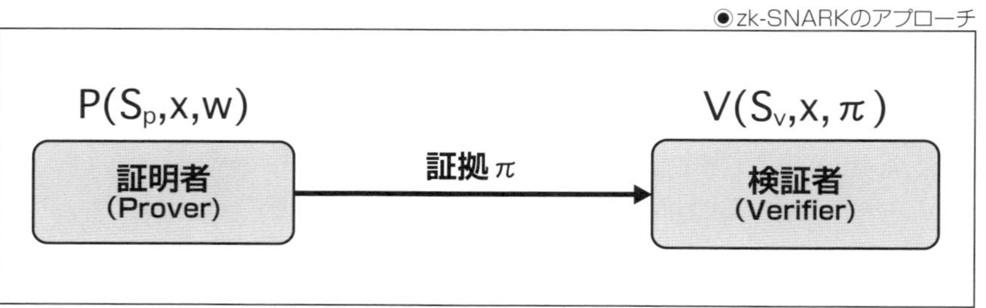

※参考：Decentralized Finance MOOC(FALL 2022)
(https://defi-learning.org/f22)

zk-SNARKを実現する仕組みについてはこれまで多くの研究が積み重ねられ、いくつもの論文が発表されています。重要なのは、いかにπのデータ量を小さく(Succinct)できるか、そしてまた、いかに検証にかかる時間を短く(関数Vのパフォーマンスを向上)できるかという点です。近年、この研究が目覚ましい進歩を遂げ、niZKPが実用的に使えるようになりました。特に有名で広く利用されているのが、2016年にJens Groth[19]により発表された手法です。niZKPはデジタル署名、独立した複数のブロックチェーンを相互接続するオラクルと呼ばれる仕組み、またブロックチェーンのスケーラビリティを実現する技術などに応用されています。

[19]：https://eprint.iacr.org/2016/260.pdf

◆ ZKPによって実現することができた機能

下記に、ZKPによって実現することができたデジタルIDで利用されている機能をいくつか紹介します。

● 選択的開示(Selective Disclosure)

選択的開示(SD)とはVCに含まれるクレームのうち、必要なクレームに限って開示することをいいます。

● 述語証明(Predicate Proofs)

前項で説明した例のように、生年月日というクレーム情報をもとにしてサブジェクトの年齢がある一定の範囲であることを開示したり、関係性のあるVCやクレームをもとに、そこから派生した新しいVCを作ったりすることです。

● 開示先の秘匿(Unlikability)

検証者が数多くのVPを受け取ると、それら複数のVPに含まれる情報の相関関係(correlation)を比較分析することによって、その所有者と他の検証者との関係などが漏えいしてしまう可能性が出てきます。このような漏えいを避けるために、所有者の電子署名を隠すことなどにより、所有者のプライバシーを保護すること、またはそのセキュリティの仕組みを「開示先の秘匿(Unlikability)」といいます。

通常、VCの所有者がこれらの仕組みを使えるためには、VCの発行者があらかじめこれらをサポートすることを考慮してVCを作成することが必要となります。ですから、検証者はVCのデータスキーマに互換性があることを、VCにある資格証明スキーマのプロパティを参照して確認することが大切です。

COLUMN

ブロックチェーンのトリレンマ

ZKPのコンセプトは1980年代前半に3人のマサチューセッツ工科大学の学者たち(Shafi Goldwasser、Silvio Micali、Charles Rakoff)によって生み出されました。

「ZKPはブロックチェーンのトリレンマを解決するものである」といわれています。ブロックチェーンのトリレンマとは、「ブロックチェーンでは、スケーラビリティ、セキュリティ、分散化の3つの要件をすべて同時に満たすことはできない」というものです。たとえばブロックチェーンに参加するノード数や参加者を増やすと分散化とセキュリティは進みますが、スケーラビリティが犠牲になります。

●ブロックチェーンのトリレンマ

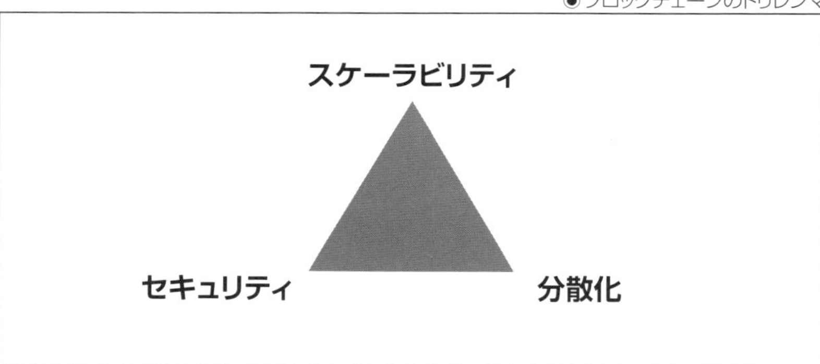

このように、スケーラビリティ、セキュリティ、非中央集権化はお互いにトレードオフの関係にありました。しかし、複数のトランザクションを別のブロックチェーン・ネットワークでまとめて処理し、そしてZKPを使ってそのトランザクションの有効性を証明し保証することで、ブロックチェーンのトリレンマが解決できました。

後に、前述のSilvio Micaliは2012年に計算機科学のノーベル賞といわれるチューリング賞を受賞し、2017年にはAlgorandというブロックチェーン・ネットワークを作りました。

デジタルIDウォレット

VCの所有者が発行者から受け取ったVCを安全に保管するためのツールや仕組みのことをデジタルIDウォレットと呼びます。デジタルIDウォレットにはスマートフォンのアプリケーションとして提供されるモバイルウォレットやクラウドサービスとして提供されるクラウドウォレット、その他にもWebブラウザのプラグインとして機能するものや、企業や組織向けなど、さまざまなタイプがあります。下記に、主なウォレットをいくつか紹介します。

◆ Apple Wallet / Google Wallet

スマートフォンで利用可能なApple WalletやGoogle Walletは馴染み深いのではないでしょうか。米国のいくつかの州ではすでにモバイル運転免許証(mDL : Mobile Driver's License)が実用化されており、Apple WalletやGoogle Walletで管理できるようになっています。このmDLの仕様は国際標準化機構(ISO)により標準規格(ISO/IEC 18013-5)が定められています。

◆ 欧州IDウォレット(EUDIW)[20]

欧州(EU)においては2016年から「Electronic Identification, Authentication and Trust Services(eIDAS)[21]」と呼ばれる電子商取引のためのデジタルIDとトラストサービスに関する規則が施行され、後の2024年4月には改正案であるeIDAS 2.0[22]が正式に制定されました。その中で、欧州委員会は2024年11月までにEUデジタルIDウォレット(EUDIW : EU Digital Identity Wallet)の要件、スタンダード、および技術仕様を定めるとしています。また、すべてのEU加盟国はその仕様に準拠したEUDIWを24カ月以内に市民に提供しなければならないとしています。このEUDIWはOpenIDファウンデーションが策定したVCの仕様である「OpenID for Verifiable Credential(OID4VC)」やmDLとも互換性を持ちます。

EUでは、分散型デジタルIDプラットフォームを提供するための「欧州ブロックチェーンサービス基盤(EBSI)[23]」を立ち上げています。EBSIのVCデータモデルv2.0ではサブジェクトが法人の場合にはdid:ebsiメソッドを、人間の場合にはdid:keyを使用するようになりました。EUDIWはこれらのDIDメソッドとも互換性を持ちます。

[20] : https://ec.europa.eu/digital-building-blocks/sites/display/EUDIGITALIDENTITYWALLET/
[21] : https://digital-strategy.ec.europa.eu/en/policies/eidas-regulation
[22] : https://www.european-digital-identity-regulation.com/
[23] : https://ec.europa.eu/digital-building-blocks/sites/display/EBSI/Home

◆ Bifold Wallet[24]

Linuxファウンデーションがスタートしたhyperledger Aries[25]プロジェクトによって自己主権型ID用に開発されたオープンソースのウォレットで、did:indyとdid:sovメソッドの2つをサポートしています。このプロジェクトは、2023年にLinuxファウンデーションが立ち上げたOpenWalletファウンデーション[26]によって引き継がれて、現在でも活発に開発が進められ、発展を続けています。このウォレットはReact Nativeフレームワークと呼ばれるアプリケーション開発フレームワークを使って開発されており、モバイルアプリケーションとして機能します。他に、Hyperledger AriesプロジェクトではAries Cloud Agentと呼ばれる、クラウドウォレットとして機能するものも開発していましたが、これも現在ではCredoというプロジェクト名でOpenWalletファウンデーションに引き継がれています。これら2つのプロジェクトではOpenIDファウンデーションが策定しているVCの仕様(OpenID4VC[27])との互換性サポートなどが進められています。

◆ メタマスク(MetaMask)

イーサリアム系の仮想通貨とデジタルIDを保管するためのウォレットとして知られるMetaMaskはdid:ethrメソッドをサポートしています。このウォレットはスマートフォンのアプリケーションの他に、Webブラウザのプラグインとしても機能します。

さて、ここで紹介した5種類のウォレットを見比べてみると、それぞれが前項で説明したすべてのVCのフォーマットやDIDメソッドをサポートしているわけではないことに気付きます。他にもウォレットのインターオペラビリティに影響を及ぼす要素がいくつかあります。たとえば、電子署名のアルゴリズムや、VCの無効化(Revocation)アルゴリズム、またクリデンシャル交換プロトコルやP2Pコミュニケーションプロトコル(DIDComm[28])と呼ばれるものです。これは、ユーザーエクスペリエンス(UX)やインターオペラビリティの観点で課題であるといえます。なぜなら、1人のユーザー(VCの所有者)が数多くののウォレットを使い分けなければならなくなる可能性があるからです。

[24]:https://openwallet.foundation/projects/bifold/
[25]:https://github.com/hyperledger/aries
[26]:https://openwallet.foundation/
[27]:https://openid.net/sg/openid4vc/
[28]:https://identity.foundation/didcomm-messaging/spec/

数多くのDIDメソッドが存在していることを前述しましたが、デジタルIDウォレットについても、2024年の時点で数十種類も存在しており、そのほとんどが特定の用途向けにデザインされたものになっています。また、ソース・コードや技術的な仕様が公開されていないデジタルIDウォレット製品も多いようです。

このことは、Web 1.0とWeb 2.0の時代の「Webブラウザ戦争」の影響による互換性の問題を思い起こさせます。しかし、前述のOpenWalletファウンデーションはGoogleやMicrosoftなどを含むさまざまな民間企業や標準化団体、そして政府機関がメンバーとなっています。

今後、このような団体がデジタルIDウォレットの標準化を推進し、ベンダーロックインや分断を回避しつつ、公正かつ自由な競争によるイノベーションが促進されることを期待します。

本節のまとめ

本節では、デジタル・クリデンシャルを構成する主な技術要素を見てきましたが、いかがだったでしょうか。これらの技術要素を実装し、適切なガバナンス・フレームワークを策定し運用することで、私たちはデジタル・クリデンシャルを現実世界のようにトラストできるようになります。そしてさらにはIoTセンサーや、Webコンテンツの著者の認証も可能になります。

SECTION-40

認証・認可の仕組みの未来

前節では、「Society 5.0」を十分にサポートできるような、そして、サイバー空間とフィジカル空間を高度に融合させたシステムに求められるデジタルIDに必要な主な技術要素をいくつか紹介しました。いよいよ本節では、認証と認可の仕組みが未来に向けてこの先さらにどのように進化していくのかについて探ってみます。

世界各国の動き

すでにこれまでEUにおけるeIDASフレームワーク、ブロックチェーンを用いたEBSI、そしてEUDIWを紹介しました。また、米国における州政府とAppleやGoogleとの官民連携で実用化を果たしたmDLについても触れました。この米国のmDLは空港での保安検査を簡単に済ませることができるサービス（TSA PreCheck[29]）などにも利用可能で便利です。この他にも、たとえばインドには、Aadhaar（アーダール）と呼ばれる、インド政府がインドの居住者に発行するデジタルIDカードがあります。これは、ブロックチェーンなどは使わず、中央集権型のプラットフォームで実装されており、本人確認に生体認証を用いています。このカード1枚でさまざまなサービスにアクセスが可能で、現在でもアーダールとリンクされるサービスの数は増え続けています。民間主導の例としては、カナダのInterac[30]と関連金融機関によるデジタルIDとしてブロックチェーンを用いたVerified.Meがあります。このように、政府主導、民間企業やコンソーシアムによるマーケット主導、または官民連携によるものなど、各国さまざまな取り組み方があるようです。また、デジタルIDを支える基盤技術についてもブロックチェーンを用いるものやそうでないものなど、さまざまです。

経済協力開発機構（OECD）の2023年デジタル政府インデックス[31]によると、デジタルIDシステムは各国に普及してはいるものの、デジタルIDソリューションを通じて75%以上の公共サービスへのアクセスを可能にしているのはOECD加盟国（38カ国）の55%のみ、また90%の国が公共サービスへのデジタルID使用を監督・指導するのに対して、民間サービスへのそれは68%のみだそうです。

[29]：https://www.tsa.gov/precheck
[30]：https://www.interac.ca/en/
[31]：https://www.oecd.org/en/publications/2023-oecd-digital-government-index_1a89ed5e-en.html

異なった取り組み方や多様な技術による試みはイノベーションの創造という点で重要なことだと思います。一方で、今後エコシステムが広がり国境を越えたインターオペラビリティが求められる中で、グローバル規模のガバナンスや標準化とのバランスの取り方が課題となってくるのではないかと思われます。

最新のデジタルIDガイドライン

2024年8月、NISTがデジタルIDガイドラインの更新版の第2次公開草案(SP800-63-4 2nd Public Draft[32])をリリースしました。これがこの更新版最後の更新草案となる予定で、この更新版が正式にリリースされると、2017の更新版(SP800-63-3)以来約8年ぶりの大きな更新となります。今回の更新草案では、2022年末にリリースされた最初の更新草案に対して次の6項目について大きな変更が加えられたとしています[33]。

- 『IDシステムにより保護されることが想定されるオンライン・サービスを組織が提供する際に、そのサービスとそれを取り巻く背景や環境がどのようなものかを定義し理解するための手順を、初期公開草案で定義されていたリスク管理の手順に追加しました。』
- 『初期公開草案の継続的改善の章に、IDソリューションのパフォーマンスを総体的に評価するための推奨評価基準を追加しました。これらの追加は、複雑化するデータ送受信の仕組みと多様化するIDソリューションに対応するためです。』
- 『不正管理についての要件と推奨事項を拡張しました。この拡張は、不正対応システムの実装に起因すると考えられる問題や課題に関して、クリデンシャルの発行者とリライングパーティのために対処するものです。』
- 『証明方法には、無人または有人、リモートまたは対面、キオスクなど、さまざまなものがありますが、これらに基づいて、保証レベルごとに証明の分類やコントロールの枠組みを見直しました。』
- 『2024年4月に公開された、同期可能認証器(Syncable Authenticator)に関する暫定ガイダンスをSP800-63Bに統合しました。』(注：同期可能認証器とは「同期パスキー」のように機能する認証器です)

[32]：https://pages.nist.gov/800-63-4/
[33]：https://pages.nist.gov/800-63-4/sp800-63.html(日本語訳および注は筆者)

- 『ユーザーコントロール型のデジタルIDウォレットをフェデレーションモデルに追加しました。デジタルIDウォレットとクリデンシャル(SP800-63Cでは「属性バンドル」と呼ばれます)への注目度が高まっています。これらは本質的に、サブジェクトを認証するための署名付きメッセージを生成するもので、フェデレーションIdPのように機能します。』

オンラインサービスのエコシステムがグローバル化し、複雑に相互接続されたオープンな環境でデータ共有が行われるようになる中で、同期パスキーやデジタルIDウォレット、VCなどの新しい技術要素や新しい認可パターンが続々と登場しています。今回のガイドラインでは、近年のオンラインサービスの急増に伴い、より信頼性の高い、公正でセキュアな、プライバシー保護のデジタルIDが必要であるとしています。そして、今回の更新版はオンラインリスクの現状を踏まえつつ、これらの環境変化に対応するためのものであると説明しています。

未来の認証・認可の仕組みがもたらす社会実現

本章ではここまで、認証と認可の仕組みとデジタルIDの発展についていくつかの視点から見てきました。ユーザー管理の方法はLDAPをベースにした仕組みからウォレットへ移り変わりつつあります。認証の対象はIT機器にアクセスするユーザーから、モノやWebコンテンツ、デジタル文書などのデータへ、さらにはアプリケーション、スクリプト、サービスなどのワークロードへと広がっています。AI技術などの登場やAPIの進化に伴うオープンなエコシステムの拡大により、認証に対する新たな脅威が急速に増大していることもわかりました。

Society5.0のような未来社会へ向け、認証そのものの要件も、当人認証から身元確認を含めたオンライン本人確認、さらには資格証明へとより広範なものが求められるようになっています。そして、認可についても、よりプライバシー重視のユーザーコントロール型へとシフトしています。

もはやアイデンティティの技術とガバナンスはIT分野に限定されたものではなく、未来社会の実現にエッセンシャルな要素の1つであるといえそうです。

◆LDAPからウォレットへ

インターネットが普及する前やWeb 1.0の時代、ユーザー管理を集中的に行うためにLDAPをベースにした仕組みを使っていたと説明しました。認証の仕組みがSSOやフェデレーション、ソーシャルログインやパスキーへと進化した現在でも、依然としてユーザー管理のデータベースの多くはLDAPの仕組みを用いています。しかし、プライバシー重視の傾向が今後も変わらずVCの普及が進むにつれ、やがてVCがソーシャルログインやフェデレーションに取って代わる時代が来るかもしれません。そうなれば、複数のWebアプリケーションへのログインや、オフィスやホテルのチェックイン／チェックアウト、またバスの乗り降りや電車の改札までもがすべてデジタルIDウォレットに納められたVCで可能になります。たくさんカードが詰まった大きな財布をバッグに入れて持ち歩く必要もなくなります。そして、ユーザー管理の主流は集中型のLDAPから分散型のウォレットに移り変わっているかもしれません。

前項で最新のデジタルIDガイドラインがデジタルIDウォレットをフェデレーションモデルの1つとして位置付けたことを紹介しました。GoogleやMetaなど、ソーシャルログインやフェデレーションなどのサービスを提供する企業や、eKYCサービスプロバイダーなどは、適切なVCの発行者から委任されたクリデンシャルサービスプロバイダ（クリデンシャルの発行者）のような形態へと転換を図っているかもしれません。

しかしながら、既存のIT資産からの移行には、それにかかるコストや高度なスキルを持つリソースの確保、業務プロセスやガバナンスの変革、ユーザーリテラシーの向上など、さまざまな課題があります。また、VCや自己主権型IDが、B2B、B2C、M2Mなどのすべてのビジネスモデルやアプリケーションで常に望ましいとは限りません。集中管理の方が安価でシンプルな実装や運用を実現しながら要件にかなったセキュリティとプライバシーを十分に達成できるビジネスモデルやアプリケーションも数多くあると考えられます。このため、移行のスピードと程度は適応分野やアプリケーションごとに異なることが予想されます。ですから、デジタルIDシステムを設計する際には、要件に照らしながら考えうるデザインの選択肢を十分に検討し、最適なアーキテクチャ設計を心がけることが重要と考えられます。

◆ より安全でユニバーサルなウォレットへ

前述したように、現在使われているウォレットのほとんどが特定の用途向けであることは大きな課題です。イノベーションの促進を妨げることなく標準化を目指すことが求められます。メタマスクの例のように、現実世界の財布と同じく(仮想)通貨と(デジタル)IDの両方を保管する製品もすでに登場しています。ウォレットは貴重なものを保管するデジタルの「財布」ですから、その実装は利便性を保ちつつ、十分に安全でプライバシーを重視したものでなくてはなりません。今後デジタルIDウォレットが送金や決済、オークションの入札など、さまざまなサービスをP2Pで直接行える機能を備えるようになることも予想されます。

OpenWalletファウンデーションでは2024年にSafe Wallet Special Interest Group(SIG)を立ち上げました。このSIGでは、次の4つの柱に重点を置いて安全なデジタルIDウォレットに関するガイダンスを策定していくとしています。

- プライバシー
- セキュリティ
- サポートされる機能
- ガバナンス

2024年8月にOpenWalletファウンデーションから『ウォレット・セーフティ・ガイドv2.0[34]』がリリースされています。18ページのドキュメントがダウンロード可能[35]です。興味のある方は読んでみてください。

◆ グローバルインターオペラビリティ

デジタルIDが国境を越えて通用するようになれば、さまざまな分野で新しい便利な製品やサービスが登場することは容易に想像がつきます。デジタル化されたパスポートや運転免許証などが身分証明書として外国でも認められるようになると空港などでの出入国手続きも迅速化することができます。たとえば、国内で通用するデジタル運転免許証とデジタルパスポートの「クレーム」を総合的に検証することで国際運転免許証としての役割を持たせることも簡単にできるようになるかもしれません。

[34]: https://openwallet.foundation/2024/09/27/the-safe-wallet-guide-from-the-owf-safe-wallet-sig/
[35]: https://github.com/openwallet-foundation/safe-wallet-sig/releases/download/v2.0/wallet-safety-guide.pdf

2024年には、オランダの複数の省庁と航空会社が協力して、飛行機のパイロットを対象にデジタルトラベルクリデンシャル(DTC : Digital Travel Credential)の試験的なプロジェクト[36]を成功させました。

しかしながら、グローバルなデジタルIDには課題もあり、普及にはまだまだ時間がかかりそうです。たとえば、デジタルIDに含まれる写真の真正性確認や生体判定などによる当人確認保証を確実に行うことができるプロセスがなければなりません。正当な権限を有する発行者がデジタルID用の写真を撮影し、それに電子署名を行い、そして検証の際には十分な生体判定を実施するなどの手順をグローバルな規模で徹底することが必要となってきます。また、パスポートや運転免許証などはさまざまな分野で身分証明に使用されるので、その身分証明のプロセスが無人化されてもプライバシーが十分に保護されるような配慮も必要です。そのためには、前項で説明した、選択的開示、述語証明、開示先の秘匿などが適切に行われなければなりません。また、新しい仕組みをサポートするシステムやウォレット、空港などでの出入国手続きについても、国をまたいで見直さなければなりません。

日本においては2024年5月にEUとデジタルIDに関する協力覚書を交わしました[37]。デジタル庁のホームページでは、国境を越えたデジタルIDの重要性を『デジタル・アイデンティティは、個人のデータ流通に寄与するだけでなく、多様な産業分野においても重要な役割を果たしています。たとえば、国境を越えたデータ連携が必要とされる時代において、サプライチェーン全体でカーボンフットプリントを追跡するなど、安全で効果的なデータ流通の実現にとって不可欠な要素です。』『デジタルを活用した経済成長や有志国との連携、そしてDFFT[38]具体化の観点から、日本とEUとの間でデジタル・アイデンティティの協力を推進することは重要です。まずは、日EUの学生の留学等における実現可能なデジタル・アイデンティティの相互利用に向けた検討を開始します。』と説明しています。また、同庁の2024年デジタル庁年次報告[39]には、『個人・法人の属性や資格情報を保存し提示できる仕組み及びアプリ(デジタル・アイデンティティ・ウォレット)がデジタル社会における産業政策上・競争政策上の要衝となり得ることを踏まえ、実装に向けたロードマップをまとめていきます。』と示されています。

[36] : https://www.icao.int/Meetings/TRIP-Symposium-2023/Documents/Anouk%20CARTRYSSE.pdf
[37] : https://www.digital.go.jp/news/eea22370-19d8-4a1a-ae92-89e28476f9a1
[38] : https://www.digital.go.jp/policies/dfft DFFT(Data Free Flow with Trust:信頼性のある自由なデータ流通)
[39] : https://www.digital.go.jp/policies/report-202309-202408

今後、この取り組みがさらに進捗し、近い将来、日本で開発された日本政府公認の世界で通用するデジタルIDウォレットが登場し普及する日が訪れることを楽しみにしたいと思います。

◆ よりダイナミックな認可の仕組みへ

CHAPTER 01で、認可について、ZTAなどでは付帯的なコンテキスト情報としてさまざまな条件や状態を加えてより厳格な権限の割り当てを行う場合があると説明しました。前述のように、近年、認可のパターンはますます多様化しています。その権限割り当てに使われる判断基準(Policy)には、ユーザーが持つ属性(VCにおいては資格情報)やユーザーのログイン時の状態(端末情報など)の他に、ログイン後に発生するイベント(不正の疑いがある行為など)に基づいてリアルタイムに収集されるログデータも利用されるようになってきました。

これを実装するための仕組みには、ポリシー定義を機械が読み取って処理することができる「Policy as Code(PaC)」が使われます。この仕組みを提供する製品の中には、ローコード(Low-Code)を用いたり、Policy as Data(PaD)という考え方とグラフを使ってポリシー定義を視覚的に表すことができるものも登場しています。ローコードやPaDは簡単にポリシーを定義できるだけでなく、生成AIと連携しやすいため不正検出などセキュリティの強化に役立ちますし、読みやすく理解しやすいため、コンプライアンスレポートや監査の効率化にも寄与します。

OpenIDファウンデーションでは、このようなリアルタイムのイベント情報を、関連するコンポーネント間で共有するための仕様として「Shared Signalsフレームワーク」の策定を進めています。この仕様により、危険なインシデントなどに関するイベントログの共有と調整(Risk Incident Sharing and Coordination : RISC)やアクセス権の継続的な検査(Continuous Access Evaluation Protocol : CAEP)の手順が標準化されます。

これに加えて、同ファウンデーションではAuthZEN[40]と呼ばれる仕様も策定中です。これは、別々の組織に存在する多くのアプリケーションが個々にIDライフサイクル管理を行わなければならない負担を軽減し、一貫性のあるユーザーエクスペリエンスを提供することを目指す仕様のようです。

1 2 3 4 5 6 パスキーのその先へ～認証・認可の未来の姿～

[40] : https://openid.net/wg/authzen/

オープンバンキングのようなフレームワークでは、非常にたくさんのアプリケーションが複数の組織にまたがってダイナミックに連携し、複雑な顧客同意管理やエンタイトルメント管理を含めた認可の仕組みが求められます。AuthZENの仕様は、オープンデータのような未来のフレームワークに求められる複雑な認証・認可の仕組みを、より効率的に設計、実装、そして運用するために有効なものとなるのではないでしょうか。

◆パスキーとIDウォレットの組み合わせの可能性

FIDOアライアンスのホワイトペーパー、「EUDIウォレットにFIDOを使用」(2023年4月)[41]の中で、FIDOの仕組みとEUDIWを組み合わせた使い方(ユースケース)がいくつか紹介されています。その中で、FIDOとVCを組み合わせて、パスキーなどを利用して新しいデバイスにローミングすることで、ウォレットやFIDOクライアント、クリデンシャルなどを別のデバイスに移行する興味深いアイデアが説明されています。これは、WebAuthnとVC発行プロトコルを組み合わせて、有効期間の短いVCを発行し検証者に開示することにより実現できると説明されています。興味のある方は読んでみてください。

このホワイトペーパーでは、FIDOはすでにチェコとノルウェーにおいてeIDASの3つの保証レベルのうち上位2つ(「高い」と「実質的」)の認証標準が、すでに承認されていると説明しています。この保証レベルは、eIDASにおいて「個人識別データ(PID：Personal Identification Data)」と呼ばれる本人確認データの登録や「適格電子属性証明(QEAA：Qualified Electronic Attribute Attestations)」と呼ばれるクリデンシャルの発行が許可されているレベルです。このことは、eIDAS規制のもとで、適格トラストサービス提供事業者(qTSPs：Qualified Trust Service Providers)がFIDOの仕組みを使ってサービスを提供できることを意味します。

VCエコシステムにおけるロール間のデータのやり取りも公開鍵暗号方式を使うという点ではパスキーと同じで、どちらもパスワードを使わない仕組みです。しかし、現在普及しているデジタルIDウォレットとパスキーでは、上記のホワイトペーパーの例のように、複数デバイスのサポートなど、いくつか機能や仕組みに違いがあります。それぞれにメリットや制約がありますから、今後、このようなパスキーとIDウォレットを組み合わせてそれぞれのメリットを活かした便利なユースケースが増えてくることを期待したいと思います。

[41]：https://fidoalliance.org/wp-content/uploads/2023/04/FIDO-EUDI-Wallet-White-Paper-FINAL.pdf

なお、EUIDWの項でも少し触れましたが、eIDAS 2.0のアーキテクチャ・リファレンスフレームワーク(ARF)では、PIDのデータフォーマットについて、選択的開示をサポートするSD-JWT(ジョットと読みます)形式のW3C VCとmDLに限定しています。そして、PIDの発行やプレゼンテーションに使われるプロトコルはOID4VCIやOID4VPでなければならないとしています。前項で、EBSI基盤ではサブジェクトが人間の場合にはdid:keyを使用すると説明しましたが、EUにおいては、セキュリティーとプライバシーに関してとても高いレベルを目指している姿勢が強くうかがえます。

フューチャープルーフアーキテクチャのためのプリンシパル

今後も続々と新しい認証と認可のリクエストパターンが登場することが予想されます。このような未来のデジタルIDプラットフォームに柔軟に対応し、そして常にイノベーションを先取りしたDXを推進するために、ITアーキテクトはどのような方針でインテグレーションアーキテクチャ設計するのがよいのでしょうか。ベストプラクティスとしてのポイントがいくつかあると思いますが、ここでは、筆者が重要であるであろうと考えるプリンシパルを3つ紹介したいと思います。

まず1つ目は、なるべくシステムの構成要素を機能ごとに分離、階層化して、疎結合にすることです。そして、APIやイベント駆動型アーキテクチャを採用することで、統合と相互運用の柔軟性向上を図り、新しい要件に容易に適応できるように、また高い拡張性を備えた設計にします。

2つ目として、プラットフォームベースの設計を採用して、サービスの共通化を図ります。また、統合ツールなどを使用し、包括的な一貫したIDファブリックのサービス展開と管理を目指します。

3つ目は、運用効率を高めるためにデプロイメントプロセス、また、構成定義や変更管理をなるべく自動化することです。これにより、人的ミスやエラーを減らし、システム環境を一貫性の取れた望ましい状態に保ち、また、効率的なインシデント管理や問題管理など達成することができます。そして企業は、より戦略的でイノベーティブな業務に高度な専門知識とスキルを持つ人材を集中できるようになります。

SECTION-41

本章のまとめ

本章では、デジタルIDのイノベーションの歴史を振り返りました。そして、近年のIT技術の進化や新しいビジネスモデルについて、一見するとそれぞれ別々だが、実は共通のテーマでつながっているという視点を紹介させていただきました。さらに、そこから浮かび上がった「サイバー空間とフィジカル空間を高度に融合させたシステム」に求められるデジタルIDとは何かという問いに着目しました。その上で、今後、デジタルIDのアプリケーションや技術要素はどのように発展していくのか、また、パスキーや認証・認可の未来の姿とはどのようなものなのかについて探ってみました。そして最後に、それに向けて私たち技術者はどのような準備をすればよいのかについて考えました。

おわりに

本書では、パスキーが注目されている背景から、パスキーのアーキテクチャ、実装、運用のポイント、そして未来の認証の姿について説明をしてきました。読者の皆さまはパスキーの理解を深めることができたでしょうか。

パスキーなどの新しい仕組みに対する誤解や導入の課題から、採用を躊躇する企業もあると思います。しかし、本書で述べた重要なポイントを理解すれば、パスキーの導入は決して難しいものではないことはご理解いただけたと思います。

また、この分野の技術は目覚ましい勢いで進化していくことが予想されます。導入のタイミングによってはすでに古いアーキテクチャとなる可能性もあります。そのため、検討に時間をかけて失敗なく作るのではなく、他社に先駆けて早く、小さくともトライアンドエラーで進めていくことが成功の鍵となります。まずは最も効果的と思われる領域に限定して、パスキーを導入してみてください。

「グッバイパスワード」、本書がパスワードのない世界の実現に向けて少しでも皆さまのお役に立つことができれば幸いです。

2024年11月

著者一同

索引

A

B

C

D

E

F

た行

な行

■著者紹介

小林 勝（こばやし まさる）

キンドリルジャパン株式会社 セキュリティビジネス推進部マネージャ。
日本アイ・ビー・エムから一貫してセキュリティコンサルティングサービスに従事。サイバー攻撃やセキュリティリスクからお客様のシステムを守り、サイバーレジリエンスの高度化に寄与している。主な著作に『ゼロトラストアーキテクチャ』（共に、共著、シーアンドアール研究所）がある。サプライチェーンリスクマネジメントの啓蒙活動、セミナーの講師なども務める。

上田 夏奈江（うえだ かなえ）

キンドリルジャパン株式会社。
日本アイ・ビー・エム株式会社にてクラウドサービスの立ち上げからクラウドサービスを活用したお客様のシステム設計および導入支援まで、業界横断的に多数経験。現在は、アーキテクトとしてクラウドサービスを活用した認証基盤の統合・導入支援の活動に従事。

岩本 幸雄（いわもと さちお）

Kyndryl Canada Ltd.
1990年に日本アイ・ビー・エム株式会社入社。研究所にて半導体回路設計、IBMビジネスパートナーに出向し技術部長などを担当。2000年にカナダ移住、IBM Canada Ltd.入社。エンタープライズアーキテクト、金融セクター CTOなどを経て、現在、Kyndryl Researchにてプリンシパル・アーキテクトとしてフィンテック／ブロックチェーン／ web3の分野の研究に従事。

大脇 旭洋（おおわき てるひろ）

キンドリルジャパン株式会社 セキュリティビジネス推進部に所属。
日本アイ・ビー・エムではRed Hatビジネスの推進に従事。Red Hat OpenShiftでアプリケーションのコンテナ化を実現する提案活動を経験。現在は、認証基盤統合およびMicrosoftセキュリティ製品の提案活動に従事。

渡辺 美帆（わたなべ みほ）

キンドリルジャパン株式会社。
主にアウトソーシングサービス、クラウド関連のソリューションのアーキテクトとして、クロスインダストリーのお客様に対し、認証基盤統合をはじめ、クラウド移行、AIOpsなどのソリューション提案に従事。これまでにアウトソーシングサービスにおけるサービスメニューの標準化、海外リソースを活用したサービス開発および推進など、主にシステム運用に関わるサービスの提案活動などを幅広く経験。

編集担当 ： 吉成明久 / カバーデザイン ： 秋田勘助（オフィス・エドモント）
写真 ： ©Daniil Peshkov - stock.foto

●特典がいっぱいのWeb読者アンケートのお知らせ

C&R研究所ではWeb読者アンケートを実施しています。アンケートにお答えいただいた方の中から、抽選でステキなプレゼントが当たります。詳しくは次のURLのトップページ左下のWeb読者アンケート専用バナーをクリックし、アンケートページをご覧ください。

C&R研究所のホームページ https://www.c-r.com/

携帯電話からのご応募は、右のQRコードをご利用ください。

パスキー実践ガイド

2025年1月16日　初版発行

著　者　小林勝、上田夏奈江、岩本幸雄、大脇旭洋、渡辺美帆
発行者　池田武人
発行所　株式会社　シーアンドアール研究所
新潟県新潟市北区西名目所4083-6(〒950-3122)
電話　025-259-4293　FAX　025-258-2801
印刷所　株式会社　ルナテック

ISBN978-4-86354-467-3 C3055